Prof. Dr. Dr. Joachim Ollhoff MBA

AF665705

Kontemporäre Ansätze von Wirtschafts- und Unternehmensintegration unter Berücksichtigung integrationswissenschaftlicher Faktoren und interkultureller Dependenzen

Prof. Dr. Dr. Joachim Ollhoff MBA

Kontemporäre Ansätze von Wirtschafts- und Unternehmensintegration unter Berücksichtigung integrationswissenschaftlicher Faktoren und interkultureller Dependenzen

Re Di Roma-Verlag

Bibliografische Information der Deutschen Nationalbibliothek:
Die Deutsche Nationalbibliothek verzeichnet diese Publikation in der Deutschen Nationalbibliografie; detaillierte bibliografische Daten sind im Internet über http://dnb.ddb.de abrufbar.

ISBN 978-3-86870-617-8

Copyright (2014) Re Di Roma-Verlag

Umschlagillustration: Gisa / photocase.com

Alle Rechte beim Autor

www.rediroma-verlag.de
14,95 Euro (D)

Inhaltsverzeichnis

Abkürzungsverzeichnis

AktG	Aktiengesetz
BGB	Bürgerliches Gesetzbuch
bspw.	beispielsweise
bzw.	beziehungsweise
ca.	circa
d.h.	das heißt
EG	Europäische Gemeinschaft
etc.	et cetera
EU	Europäische Union
evtl.	eventuell
EWG	Europäische Wirtschaftsgemeinschaft
HGB	Handelsgesetzbuch
M&A	Mergers and Acquisitions
OECD	Organisation for Economic Co-operation and Development
u.a.	unter anderem
u.U.	unter Umständen
vs.	versus
z.B.	zum Beispiel

Abbildungsverzeichnis

Tabellenverzeichnis

1 Einleitung

Aufgrund zunehmender Globalisierung und einer damit verbundenen Notwendigkeit von international ausgerichteten Unternehmen, ihre Marktposition zu verteidigen und zu erweitern, spielen erfolgreich verlaufende Unternehmenszusammenschlüsse unterschiedlicher Art eine immer größer werdende Rolle.[1] Ein Kernbereich ist dabei die Auseinandersetzung mit dem Thema der Integration, die bei den Zusammenschlüssen auf unterschiedlichen Ebenen vollzogen werden muss.[2]
Die Thematik der Integration ist dabei kein originär den Wirtschaftswissenschaften zugehöriger Untersuchungsgegenstand, vielmehr setzte sich anfänglich die Soziologie mit diesem Gebiet auseinander.[3] Erst später fand der Begriff auch Beachtung in anderen wissenschaftlichen Disziplinen, was mit der steigenden Relevanz dieses Bereiches zusammenhängt.[4]

Zielstellung dieser wissenschaftlichen Ausarbeitung ist es zu untersuchen, wie Unternehmensintegrationen zu gestalten sind, damit für einen avisierten Unternehmenszusammenschluss möglichst Erfolg versprechende Bedingungen gegeben sind.
Hierzu gehört konsequenter Weise in einem ersten Schritt zunächst zu klären, welchen Einfluss Integrationen bei diesen Vorhaben einnehmen.
Erst darauf aufbauend kann eruiert werden, welche Integrationsansätze zu wählen sind.

---

[1] Vgl. Wirtz, Mergers & Acquisitions Management, 2003, S. 5 ff.
[2] Vgl. Hess/Moser, Jenseits der Integration, in: Hess/Binder/Moser, No Integration?!, 2009, S. 11, S. 11 ff.
[3] Vgl. Heitmeyer, Konzeptionen sozialer Integration, in: Imbusch/Heitmeyer, Integration-Desintegration, 2008, S. 27, S. 29.
[4] Vgl. Krauss, Integration und Akkulturation, in: Beer/Kintzinger/Krauss, Migration und Integration, 1997, S. 11, S. 11.

Im Rahmen der Ausführungen der vorliegenden Arbeit werden dazu alle wesentlichen Bereiche des Unternehmenszusammenschlusses analysiert und auf ihre Integrationsfelder untersucht.
Kernstück bildet dabei eine fiktive Fallstudie, die die theoretisch ermittelten Erkenntnisse veranschaulicht, um so den notwendigen Praxisbezug herzustellen.
Hierdurch werden die Schwerpunkte bei länderübergreifenden Mergers and Acquisitions unter Berücksichtigung kultureller Dependenzen deutlich, da es vor allem durch die stark unterschiedlichen Unternehmenskulturen zu einer Reihe von Aufgaben kommt, die es zu bewältigen gilt, sofern der Unternehmenszusammenschluss als erfolgreich gelten soll.[5]

Um ein Grundlagenverständnis zu erzeugen wird dabei zunächst in Kapitel 2 der Begriff der Integration erläutert und dessen vielfältige Betrachtungsweisen kurz aufgezeigt. Auf diesen allgemeinen Integrationserklärungen aufbauend werden in Kapitel 3 spezielle Integrationsformen mit dem Schwerpunkt der wirtschaftlichen Dimension anhand der Entwicklungen durch die Europäische Union vorgestellt.
In Kapitel 4 werden die für die Unternehmensintegration weiteren wichtigen Grundlagen durch Erläuterungen zu den Themen der Unternehmensphilosophie und der Unternehmenskultur geliefert.
Auf diese grundlegenden Ausführungen aufbauend werden im folgenden Kapitel die Integrationsschwerpunkte bei Unternehmenszusammenschlüssen herausgebildet, indem insbesondere der betriebswirtschaftliche Umgang mit dem Integrationsprozess durch die Schaffung eines Integrationsmanagements veranschaulicht und die Bewältigung der Thematik der Unternehmensintegration bei Fusionen von Unternehmen untersucht wird.

---

[5] Vgl. Bergemann / Bergemann, Interkulturelle Managementkompetenz, 2005, S. 27 ff.

Ein zentrales Integrationsfeld ist hier der Umgang mit den unterschiedlichen Unternehmenskulturen. Ergebnisse dieses Abschnitts bilden relevante Integrationserfolgsfaktoren und die daran ansetzenden Integrationskonzepte.
Kapitel 6 schließlich befasst sich mit rechtlichen Aspekten, die innerhalb von Unternehmensintegrationen eine Relevanz besitzen. Dabei liegt die Schwerpunktsetzung auch hier auf den länderübergreifenden Besonderheiten.
In Kapitel 7 wird die oben angesprochene fiktive Fallstudie konstruiert. Eine Unternehmensfusion zwischen zwei Unternehmen aus verschiedenen Ländern verschafft einen anschaulichen analytischen Überblick über alle zuvor untersuchten Bereiche.
Dabei liegt das Hauptaugenmerk auf der Präsentation von Lösungsansätzen für die gewählte betriebswirtschaftliche Problemstellung.
Die wissenschaftliche Arbeit schließt mit einem zusammenfassenden Fazit, dessen Schwerpunkt in der Beurteilung der Qualität der vorhandenen Integrationsmodelle der Mergers and Acquisitions-Vorgänge liegt und das die Aktualität und Relevanz des Themas würdigend unterstreicht.

2 Definition des Integrationsbegriffs

Als Einführung in das zu untersuchende Thema ist es zunächst sinnvoll, die Grundlagen des Integrationsbegriffs zu erläutern.

Der Integrationsbegriff ist Gegenstand verschiedener wissenschaftlicher Disziplinen. Demnach existieren mehrere Betrachtungsweisen, deren Schwerpunkte in der Integrationsforschung unterschiedlich gelagert sind.[6] Für das Verständnis der vorliegenden wissenschaftlichen Ausführungen ist es hier sinnvoll, die Ausgangspunkte in der soziologischen Betrachtungsweise aufzugreifen und darauf aufbauend die kulturwissenschaftlichen Herangehensweise als auch die wirtschaftlichen Integrationsfelder darzustellen. Hierdurch wird die Basis für die späteren Ausführungen in dem Bereich der Unternehmensintegration gelegt.

Allgemein wird „Integration" als Zusammenhalt von Teilen in einem systemischen Ganzen und die dadurch erzeugte Abgrenzung von einer unstrukturierten Umgebung definiert.[7] Das Wort „Integration" leitet sich dabei von den lateinischen Begriffen „integer" bzw. „integrare" ab, was „heil, unversehrt machen, wiederherstellen, ergänzen" und im weiterführenden Sinn „Wiederherstellung eines Ganzen" bedeutet.[8] Damit wird durch Integration eine Eingliederung vorgenommen, die den Zustand der „Exklusion" oder der „Separation" aufhebt.[9] Synonym wird Integration oftmals auch

[6] Vgl. Hess/Moser, Jenseits der Integration, in: Hess/Binder/Moser, No Integration?!, 2009, S. 11, S. 11 ff.

[7] Vgl. Esser, Soziologie. Spezielle Grundlagen Band 2: Die Konstruktion der Gesellschaft, 2000, S. 261.

[8] Vgl. Olshausen, Versuch einer Definition des Begriffs Integration, in: Beer/Kintzinger/Krauss, Migration und Integration, 1997, S. 27, S. 30 ff.

[9] Vgl. Esser, Soziologie. Spezielle Grundlagen Band 2: Die Konstruktion der Gesellschaften, 2000, S. 261.

mit dem Begriff der „Inklusion“ verwendet, der im eigentlichen Sinn als „Einschluss“ übersetzt werden kann.[10]

2.1 Die soziologische Betrachtungsweise

Die Soziologie als Wissenschaft wird nach ihren lateinischen Begriffen beschrieben als „Lehre vom Zusammenleben der Menschen“ bzw. als „Lehre von der Gesellschaft“.[11]
Daran weiterführend lässt sich der Gegenstand der Soziologie als „...systematisches, umfassendes, wissenschaftlich angeleitetes Nachdenken über die Gesellschaft...“[12] charakterisieren.
Demnach orientiert sich die Betrachtung des Integrationsbegriffs in der Soziologie auch an der Einbindung von menschlichen Individuen oder Gruppen in die Gesellschaft.[13]
Unterschieden wird grundlegend zwischen der Sozialintegration und der Systemintegration: „Während beim Problem der sozialen Integration die geordneten oder konfliktgeladenen Beziehungen der Handelnden eines sozialen Systems zur Debatte stehen, dreht es sich beim Problem der Systemintegration um die geordneten oder konfliktgeladenen Beziehungen zwischen den Teilen eines sozialen Systems“.[14] Hierdurch wird deutlich, dass Sozial- und Systemintegration als zwei zusammenhängende Teile einer gesamten Integrationsbetrachtung zu verstehen sind, die miteinander verbunden sind.[15]

---

[10] Vgl. Petendra, Integration von Migranten und Migrantinnen, 2004, S. 6 ff.
[11] Vgl. Esser, Soziologie. Allgemeine Grundlagen Band 1, 1999, S. 3.
[12] Knelangen, Soziologische und kulturwissenschaftliche Beiträge zur Integrationstheorie, 2001, S. 1.
[13] Vgl. Heitmeyer, Konzeptionen sozialer Integration, in: Imbusch/Heitmeyer, Integration-Desintegration, 2008, S. 27, S. 29.
[14] Lockwood, Sozialintegration und Systemintegration, in: Imbusch/Heitmeyer, Integration-Desintegration, 2008, S. 35, S. 36.
[15] Vgl. Petendra, Integration von Migranten und Migrantinnen, 2004, S. 9.

Ebenso kann zwischen relationaler und absoluter Integration unterschieden werden. Die relationale Integration beschreibt, wie ein Element, ein Subsystem oder ein Teil in ein System, ein Kollektiv oder ein größeres Ganzes integriert ist, mithin also die Beziehung (Relation) zwischen dem Teil und dem Ganzen. Die absolute Integration hingegen schreibt dem System selbst eine Integration zu, wodurch das Maß des gesamten Zusammenhalts aller Einheiten des Systems als Zustandsbeschreibung erfasst wird.[16]

Festzustellen ist generell, dass in der Soziologie der Fokus auf den „klassischen" Integrationsformen der Gesellschaft liegt, die sich im Rahmen politischer, nationalstaatlicher Schranken abspielen.[17] Dies ist darin begründet, dass während der Anfänge der sozialen Integrationsforschung diese politischen Systeme vorherrschend waren und sich die Soziologie immer noch entlang dieses gesellschaftlichen Verständnisses orientiert.[18] Demzufolge liegt der Hauptuntersuchungsgegenstand in der soziologischen Integrationsforschung meist in der Fragestellung, wie einzelne Menschen oder Menschengruppen in ein gesellschaftliches System zu integrieren sind.

Ein Beispiel zur Verdeutlichung liefert die klassische Herangehensweise innerhalb der Migrationsforschung.[19] Bei der Integration von Migranten ist aus soziologischer Sicht zuvorderst die Sozialintegration gemeint, also die Einbeziehung von Migranten in

---

[16] Vgl. Friedrichs/Jagodzinski, Theorien sozialer Integration, in: Imbusch/Heitmeyer, Integration-Desintegration, 2008, S. 93, S. 94 f.

[17] Vgl. Knelangen, Soziologische und kulturwissenschaftliche Beiträge zur Integrationstheorie, 2001, S. 1.

[18] Vgl. Knelangen, Soziologische und kulturwissenschaftliche Beiträge zur Integrationstheorie, 2001, S. 11 f.

[19] Vgl. Krauss, Integration und Akkulturation, in: Beer/Kintzinger/Krauss, Migration und Integration, 1997, S. 27, S. 30 ff.

die aufnehmende Gesellschaft.[20] Die Integration von Migranten wird somit in der Soziologie klassisch nach Esser als eine Form der Sozialintegration in vier Dimensionen unterteilt: Kulturation, Platzierung, Interaktion und Identifikation.[21]
Diese vier Integrationsstufen müssen erfolgreich absolviert werden, damit die Migranten in die Gesellschaft aufgenommen werden können, um als ein funktionierendes Teil im Sinne einer erfolgten Integration angesehen werden zu können.
Diese vier Dimensionen beinhalten dabei folgende Schritte:[22]

- Die Kulturation (kulturelle Integration) umfasst den Erwerb von kulturellen Kompetenzen, z.B. der Sprache, um ein Agieren und Interagieren erst zu ermöglichen. Der Erwerb dieser Kompetenzen ist ein Prozess und wird auch kognitive Sozialisation genannt.[23]
- Die Platzierung (strukturelle Integration) beinhaltet die Besetzung einer bestimmten gesellschaftlichen Position durch das zu integrierende Individuum. Sie ist eng mit dem Mechanismus der Kulturation verbunden: Durch die Platzierung erwerben Akteure auf bestimmten Positionen bestimmte Kompetenzen. Entgegengesetzt betrachtet stellt die Kulturation einen Filter für die Platzierung dar.[24]
- Die Interaktion (soziale Integration) ist jener Spezialfall des sozialen Handelns, bei dem die Akteure sich wechselseitig

[20] Vgl. Esser, Was ist denn dran am Begriff der Leitkultur?, in: Kecskes/Wagner/Wolf, Angewandte Soziologie, 2004, S. 199, S. 202.
[21] Vgl. Esser, Soziologie. Spezielle Grundlagen Band 2: Die Konstruktion der Gesellschaft, 2000, S. 279.
[22] Vgl. Esser, Soziologie. Spezielle Grundlagen Band 2: Die Konstruktion der Gesellschaft, 2000, S. 268 ff.
[23] Vgl. Petendra, Integration von Migranten und Migrantinnen, 2004, S. 10.
[24] Vgl. Esser, Soziologie. Spezielle Grundlagen Band 2: Die Konstruktion der Gesellschaft, 2000, S. 273.

über Wissen und Symbole einander orientieren und so Beziehungen zueinander bilden.

- Die Identifikation (identifikatorische oder emotionale Integration) verläuft durch die gedankliche und emotionale Beziehung zwischen dem einzelnen Akteur und dem sozialen System als Ganzheit bzw. als Kollektiv, z.B. durch die Gruppenidentität.

Der Erfolg der sozialen Integration ist von der Erfüllung der vier Dimensionen in der genannten Reihenfolge abhängig, die – wie bereits angedeutet – in kausalen Beziehungen zueinander stehen.[25]

2.2 Die kulturwissenschaftliche Betrachtungsweise

Die kulturwissenschaftliche Betrachtungsweise setzt an der Erkenntnis an, dass in Zeiten der Europäisierung und Globalisierung Integration nicht mehr allein als politisches Vergesellschaftungsproblem von staatlichem Ausmaß gesehen werden kann.[26] Die national ausgerichtete Gesellschaftsanalyse der Soziologie wird den realen Entwicklungen von grenzüberschreitenden Verflechtungen und Interdependenzen nicht mehr ausreichend gerecht, so dass eine Fokuslegung auf die nicht-territorialen Integrationsprozesse notwendig erscheint.[27]

Die Kulturwissenschaft stellt grundlegend einen interdisziplinären Ansatz dar, um sich mit wissenschaftlichen Fragestellungen auseinanderzusetzen.[28] Dabei existiert nicht nur eine Wissenschaft als

[25] Vgl. Petendra, Integration von Migranten und Migrantinnen, 2004, S. 10.
[26] Vgl. Knelangen, Soziologische und kulturwissenschaftliche Beiträge zur Integrationstheorie, 2001, S. 1.
[27] Vgl. Knelangen, Soziologische und kulturwissenschaftliche Beiträge zur Integrationstheorie, 2001, S. 1.
[28] Vgl. Stierstorfer, Anmerkungen zur Interdisziplinarität der Kulturwissenschaften, in: Stierstorfer/Volkmann, Kulturwissenschaft interdisziplinär, 2005, S. 9, S. 9.

solches, vielmehr präsentieren sich Kulturwissenschaften als ein ganzes Bündel von kulturbezogenen Aufgabenfeldern, die in viele andere wissenschaftliche Bereiche hinreichen.[29] Neben Überschneidungen und Verbindungen zu anderen Wissenschaften ist das Verhältnis zur Soziologie besonders eng, wobei auch hier wiederum unterschiedliche Auffassungen eine eindeutige Definition nicht zulassen, zumal gerade die Entwicklungen der „klassischen deutschen Soziologie" eine Art „Sonderstellung" in der Geschichte der Soziologie einnimmt.[30]

Man kann sogar die frühe deutsche Entwicklung der Soziologie um 1900 als Kulturwissenschaft einordnen, da für die Gründer der deutschen Soziologie stets galt, dass alles soziale Handeln in kulturelle Bezüge einsortiert ist.[31] Allgemein fand jedoch eine Verwerfung des kultursoziologischen Ansatzes statt, der erst in den späten 70er Jahren wieder entdeckt wurde.[32]

Aufgrund des engen Bezugs kultureller Aspekte und gesellschaftlicher Entwicklungsprozesse, lassen sich jedoch isolierte Betrachtungen in der Soziologie und in den Kulturwissenschaften kaum noch separat vornehmen, was wiederum zu starken Interdependenzen in der wissenschaftlichen Forschung in den letzten Jahrzehnten führte.[33] Es wurde erkannt, dass Kultur und Gesellschaft in einem komplizierten Verhältnis zueinander stehen, das folgendermaßen charakterisiert werden kann: „Kultur organisiert die Werte, Normen und symbolischen Figuren, welche das soziale Verhalten und

---

[29] Vgl. Gerndt, Kulturwissenschaft im Zeitalter der Globalisierung, 2002, S. 10 ff.

[30] Vgl. Gebhardt, Kulturwissenschaft und Soziologie, in: Stierstorfer/Volkmann, Kulturwissenschaft interdisziplinär, 2005, S. 19, S. 19 ff.

[31] Vgl. Gebhardt, Kulturwissenschaft und Soziologie, in: Stierstorfer/Volkmann, Kulturwissenschaft interdisziplinär, 2005, S. 19, S. 21.

[32] Vgl. Gebhardt, Kulturwissenschaft und Soziologie, in: Stierstorfer/Volkmann, Kulturwissenschaft interdisziplinär, 2005, S. 19, S. 21.

[33] Vgl. Knelangen, Soziologische und kulturwissenschaftliche Beiträge zur Integrationstheorie, 2001, S. 2.

die sozialen Handlungssysteme wesentlich begründen und begrenzen – die sozialen Interaktionen aber wirken ihrerseits auf die Organisation der Kultur zurück."[34]

Diese Verbindung trifft insbesondere für das Gebiet der Integrationstheorie zu, weshalb hier sowohl die gesellschaftliche als auch die kulturelle Ebene zu berücksichtigen ist, wenn man eine zufrieden stellende Integrationsforschung betreiben möchte.[35]
Die Integrationsthemen bewegen sich dabei heutzutage eindeutig auf dem Niveau der angesprochenen grenzüberschreitenden Verflechtungen, da nicht mehr einzelne Menschen oder Gruppen in eine bestehende Gesellschaft eingegliedert werden, sondern das Zusammenwachsen von internationalen, globalen Gebieten auf multikulturelle Ebene vorherrscht.[36] Demzufolge hat die kulturwissenschaftliche Betrachtungsweise im Rahmen der Integrationsforschung enorm an Bedeutung zugelegt, da es zu analysieren gilt, wie die einzelnen Kulturen aufeinander Einfluss nehmen. Aus empirischer Sicht gewinnen somit die Formen kulturell-authentischer Integration aufgrund der Auflösung sozial integrierter Gemeinschaften an Bedeutung.[37]
Auch für die einzelwirtschaftliche Betrachtung im Rahmen dieser wissenschaftlichen Arbeit spielt die kulturwissenschaftliche Dimension eine wichtige Rolle, da bei Unternehmenszusammenschlüssen den Unternehmenskulturen bzw. deren erfolgreiche Integration eine Schlüsselstellung zukommt (siehe Kapitel 4.2.2).[38]

---

[34] Gerndt, Kulturwissenschaft im Zeitalter der Globalisierung, 2002, S. 200.
[35] Vgl. Knelangen, Soziologische und kulturwissenschaftliche Beiträge zur Integrationstheorie, 2001, S. 2.
[36] Vgl. Hess/Moser, Jenseits der Integration, in: Hess/Binder/Moser, No Integration?!, 2009, S. 11, S. 11 ff.
[37] Vgl. Schubert, Analyse und Kritik aus Sicht soziologischer Handlungstheorie, in: Analyse & Kritik 30/2008, S. 627, S. 635.
[38] Vgl. Zülsdorf, Strukturelle Konflikte in Unternehmen, 2008, S. 15.

Ein spezielles Anwendungsbeispiel der kulturwissenschaftlichen Betrachtungsweise (im Zusammenhang mit der soziologischen) wird in Kapitel 3 durch die Analyse der Prozesse im Rahmen der Europäischen Integration vorgestellt.

2.3 Die wirtschaftliche Betrachtungsweise

Der Integrationsbegriff findet logischer Weise auch in wirtschaftlichen Betrachtungen Anwendung.[39] Unter wirtschaftlicher Integration wird auch hier grundlegend die Herstellung einer Einheit oder die Eingliederung in ein größeres Ganzes verstanden.[40] Dabei steht die erfolgreiche Schaffung eines gemeinsamen Wirtschaftssystems als Ziel im Vordergrund, indem als einzelne Einheiten Staaten zu dieser Wirtschaftseinheit zusammengefügt werden.[41] Der so entstandene Integrationsraum kann unterschiedliche Dimensionen umfassen; dies reicht von der regionalen Integrationen zweier oder weniger benachbarter Staaten (z.B. fällt auch die Europäische Union hierunter) bis hin zur globalen Wirtschaftsintegration.[42]

Grundlegend gemeinsam haben alle Wirtschaftsintegrationen, dass die beteiligten Länder ökonomische Vorteile durch die Einrichtung des zwischenstaatlichen Wirtschaftsverkehrs erlangen wollen. Damit steht die Förderung des wirtschaftlichen Wachstums der Länder im Vordergrund.[43]

---

[39] Vgl. Hess/Moser, Jenseits der Integration, in: Hess/Binder/Moser, No Integration?!, 2009, S. 11, S. 11.

[40] Vgl. Kruber, Europäische Wirtschaftsintegration, in: May, Handbuch zur ökonomischen Bildung, 2005, S. 553, S. 554.

[41] Vgl. Kruber, Europäische Wirtschaftsintegration, in: May, Handbuch zur ökonomischen Bildung, 2005, S. 553, S. 554.

[42] Vgl. Dieckheuer, Internationale Wirtschaftsbeziehungen, 2001, S. 193.

[43] Vgl. Dieckheuer, Internationale Wirtschaftsbeziehungen, 2001, S. 193.

Die Erreichung dieses Hauptziels setzt eine längerfristige Zusammenarbeit voraus, weshalb eine praktische Integrationspolitik zu integrieren ist, die durch geeignete Maßnahmen diese Zielerreichung erst ermöglicht.[44]

Solche Maßnahmen sind bspw. der Abbau von Handelshemmnissen zwischen den Mitgliedsländern des Integrationsraums, die Liberalisierung der Faktorbewegungen im Integrationsraum, die Schaffung einheitlicher institutioneller und ordnungspolitischer Rahmenbedingungen für Wirtschaftsaktivitäten im Integrationsraum, die Koordination oder die Vereinheitlichung der Außenwirtschaftspolitiken der Mitgliedsländer und die Koordinierung der binnenorientierten Wirtschaftspolitiken der Mitgliedsländer.[45]

Je nach Integrationstiefe und Intensität dieser Maßnahmen und nach deren Geltungsbereich lassen sich verschiedene Integrationsformen unterscheiden. Diese reichen z.B. von der Freihandelszone, die eine Handelsliberalisierung auf allen Märkten vorsieht, über die Schaffung eines gemeinsamen Marktes, bis hin zu der vertraglich sehr eng geregelten Wirtschaftsunion, wo Kompetenzen für bestimmte Politikbereiche von nationalen auf supranationale Institutionen übergeben werden.[46] Neben diesen Formen der güterwirtschaftlichen Integration kann es auch noch zusätzlich zu einer monetären Integration kommen, die auf eine Zusammenarbeit auf den Geld- und Devisenmärkten der Mitgliedsländer abzielt.[47]

---

[44] Vgl. Dieckheuer, Internationale Wirtschaftsbeziehungen, 2001, S. 193.
[45] Vgl. Dieckheuer, Internationale Wirtschaftsbeziehungen, 2001, S. 193 f.
[46] Vgl. Dieckheuer, Internationale Wirtschaftsbeziehungen, 2001, S. 193 ff.
[47] Vgl. Dieckheuer, Internationale Wirtschaftsbeziehungen, 2001, S. 196.

Eine (theoretische) Endstufe wäre die komplette Verschmelzung der ursprünglichen Staaten (Bsp. die deutsche Wiedervereinigung).[48]

Durch dieses letzte Beispiel wird ebenfalls deutlich, dass auch bei der Thematik der wirtschaftlichen Integration nicht nur eine isolierte Betrachtung stattfinden kann, sondern dass gleichfalls eine Überschneidung mit anderen wissenschaftlichen Bereichen existiert, so dass sowohl die gesellschaftliche als auch die kulturelle Ebenen zu beachten sind. Kann sich Integration zumindest auf den niederen Stufen, wie z.B. bei der Einrichtung einer Freihandelszone, eventuell noch auf den wirtschaftlichen Bereich beschränken, so erweitern sich mit Fortschritt der wirtschaftlichen Integrationstiefe auch die Integrationsbereiche der anderen Dimensionen, wie z.B. Verbindungen auf gesellschaftlicher Ebene.[49] Dies ist darin begründet, dass z.B. eine Verschmelzung zu einer gemeinsamen Wirtschaftsunion zwischenstaatliche Regelungen auf politischer Ebene bedürfen, die in der angesprochenen Abgabe gewisser rechtsstaatlicher Souveränität auf die übergeordnete Ebene münzen.[50] Dadurch ergeben sich Integrationsfortschritte nicht nur allein für die wirtschaftliche Dimension.

Diese Verbindungen der unterschiedlichen wissenschaftlichen Betrachtungsweisen für das Thema Integration lässt sich sehr gut im folgenden Kapitel veranschaulichen, indem spezielle Integrationsformen zu einer übergeordneten Thematik vorgestellt werden, die dadurch im direkten Bezug zueinander stehen.

---

[48] Vgl. Kruber, Europäische Wirtschaftsintegration, in: May, Handbuch zur ökonomischen Bildung, 2005, S. 553, S. 555.

[49] Vgl. Kruber, Europäische Wirtschaftsintegration, in: May, Handbuch zur ökonomischen Bildung, 2005, S. 553, S. 555 f.

[50] Vgl. Kruber, Europäische Wirtschaftsintegration, in: May, Handbuch zur ökonomischen Bildung, 2005, S. 553, S. 555 f.

3 Europäische Integration als spezielle Integrationsform

Nach Darstellung des allgemeinen Integrationsbasisverständnisses wird in diesem Kapitel darauf aufbauend die spezielle Integrationsform der europäischen Integration vorgestellt.

Die Europäische Integration umfasst bei der Europäischen Union bekanntermaßen nicht nur wirtschaftliche Integration, sondern geht weit darüber hinaus. So ist die Entwicklung der Europäischen Union von ihren Mitgliedssaaten auf eine Zusammenarbeit auf breiter Basis ausgelegt.[51]

Sowohl für die kulturwissenschaftliche (in Verbindung mit der soziologischen Betrachtungsweise) und der wirtschaftlichen Integrationsdimension wird deshalb als übergeordnetes Beispiel das der Europäischen Integration gewählt. Anhand der einzelnen Stufen dieses Integrationsvorhabens lassen sich die oben angesprochenen Zusammenhänge aufzeigen.

3.1 Die historische Entwicklung

Die Bestrebungen einer europäischen Integration setzten zunächst als gewollte europäische Wirtschaftsintegration in den 50er Jahren des letzten Jahrhunderts ein.[52] Neben dem offenkundigen Ziel, durch einen gemeinsamen Wirtschaftsraum wirtschaftliche Vorteile für die Mitgliedsstaaten zu generieren, lagen die Gründe jedoch in den Erfahrungen des Zweiten Weltkrieges: Der Präambel zum

---

[51] Vgl. Bieling/Lerch, Theorien der europäischen Integration. Ein Systematisierungsversuch, in: Bieling/Lerch. Theorien der europäischen Integration, 2006, S. 9, S. 9.

[52] Vgl. Bieling/Lerch, Theorien der europäischen Integration. Ein Systematisierungsversuch, in: Bieling/Lerch. Theorien der europäischen Integration, 2006, S. 9, S. 9.

Vertrag der Europäischen Wirtschaftsgemeinschaft (EWG) ist zu entnehmen, dass die Gründerstaaten durch den Zusammenschluss ihrer Wirtschaftskräfte Frieden und Freiheit wahren und festigen wollten, wodurch kein einzelner Staat in Europa mehr die Gelegenheit erhalten sollte, isoliert militärisch für die Erreichung auch von wirtschaftlichen Interessen vorzugehen.[53]
So nahm 1957 durch die Gründung der EWG mittels der so genannten „Römischen Verträge" die Europäische Integration ihren Anfang auf wirtschaftlicher Ebene.[54] Durch die raschen Erfolge der EWG gerieten die ursprünglichen politischen Motivationen zunehmend aus dem Blickfeld, dennoch entstanden neben der wirtschaftlichen Verflechtung auch eine enge militärische und politische Verflechtung.[55] Aus der Europäischen Wirtschaftsgemeinschaft entwuchs demzufolge langsam eine Zusammenarbeit auch auf anderen Ebenen, allerdings mit (zunächst) loser Integrationspolitik. Zudem wurde die Zusammenarbeit auf weitere beitretende Staaten ausgeweitet.[56]

Erst einige Jahrzehnte später erfolgte durch die Verträge von Maastricht über Schaffung eines gemeinsamen Binnenmarktes 1992 der nächste entscheidende Schritt für die Europäische Union.[57] Die weiteren Stufen in der Zusammenarbeit (u.a. durch die Verträge von Amsterdam 1997 und Nizza 2001) der beteiligten Staaten durch weitere vertragliche Regelungen bis hin zur Wäh-

[53] Vgl. Kruber, Europäische Wirtschaftsintegration, in: May, Handbuch zur ökonomischen Bildung, 2005, S. 553, S. 555.
[54] Vgl. Ruelling/Ioannou-Naoum-Wokoun, Die Europäische Union. Geschichte, Institutionen, Recht, Politiken, 2010, S. 5 f.
[55] Vgl. Kruber, Europäische Wirtschaftsintegration, in: May, Handbuch zur ökonomischen Bildung, 2005, S. 553, S. 555.
[56] Vgl. Ruelling/Ioannou-Naoum-Wokoun, Die Europäische Union. Geschichte, Institutionen, Recht, Politiken, 2010, S. 8 ff.
[57] Vgl. Kruber, Europäische Wirtschaftsintegration, in: May, Handbuch zur ökonomischen Bildung, 2005, S. 553, S. 555.

rungsunion 2002 mit dem Euro als offizielles Zahlungsmittel sorgten in den Folgejahren für eine starke Dynamik im europäischen Integrationsvorhaben, das in der Gegenwart noch nicht abgeschlossen ist.[58] Die Vorbereitungen hierzu wurden zwar schon in den Jahrzehnten immer wieder getroffen, eine konkrete Umsetzung der Vorhaben kann eventuell den sich verändernden Entwicklungen in der Weltwirtschaft zugeschrieben werden, die den Mitgliedern der Europäischen Union als Anlass zur engeren und beschleunigten Fortführung des europäischen Integrationsgedankens gedient haben könnten.[59]

Der derzeitige Ist-Zustand der Europäischen Union stellt eine Integration von 27 Mitgliedsstaaten auf unterschiedlichen Ebenen dar, die durch den Vertrag von Lissabon 2009 bis hin zur völkerrechtlichen Zusammenarbeit reicht.[60] Weitere Staaten bewerben sich derzeit um eine Mitgliedschaft.[61]

Die Integration der europäischen Mitgliedsstaaten ist in den verschiedenen Dimensionen unterschiedlich stark fortgeschritten, jedoch ist die generelle Zusammenarbeit so eng und verflochten, dass einzelne Politikbereiche supranational angeordnet sind.[62]

3.2 Die kulturwissenschaftliche Dimension der Europäischen Integration

Das kulturwissenschaftliche Interesse an der Europäischen Integration setzt erst relativ spät ein, da es zunächst als ein Thema der

---

[58] Vgl. Kruber, Europäische Wirtschaftsintegration, in: May, Handbuch zur ökonomischen Bildung, 2005, S. 553, S. 556.

[59] Vgl. Kruber, Europäische Wirtschaftsintegration, in: May, Handbuch zur ökonomischen Bildung, 2005, S. 553, S. 556.

[60] Vgl. Ruelling/Ioannou-Naoum-Wokoun, Die Europäische Union. Geschichte, Institutionen, Recht, Politiken, 2010, S. 16 ff.

[61] Vgl. Ruelling/Ioannou-Naoum-Wokoun, Die Europäische Union. Geschichte, Institutionen, Recht, Politiken, 2010, S. 16 ff.

[62] Vgl. Kruber, Europäische Wirtschaftsintegration, in: May, Handbuch zur ökonomischen Bildung, 2005, S. 553, S. 555.

Politik- und der Wirtschaftswissenschaften angesehen wurde.[63] Jedoch ist erkennbar, dass Analyse der eine Integration innerhalb der europäischen Zusammenarbeit nicht allein auf die Bereiche beschränkt bleibt, durch die Entwicklung der letzten Jahre ist ein Betrachtung aus kulturwissenschaftlicher Sicht sinnvoll. Erkennbar ist dies dadurch, dass die Theorien der europäischen Integration sich mit einem Untersuchungsgegenstand auseinander zu setzen haben, der sich sichtbar entwickelt.[64] Weiterhin ist dabei anzumerken, dass die Analyse der Integration sowohl eine Berücksichtigung des Integrationsprozesses als auch des Zustandes der Gemeinschaft der Integration erfordert: Waren die integrationstheoretischen Forschungen lange Zeit auf die Prozessdimension beschränkt, z.B. wie die ökonomische Kooperation voranschreitet, so legte sich der Fokus in der Europaforschung in letzter Zeit mehr auf die Zustandsdimension, d.h. auf die Analyse der Union als Gemeinwesen und politisches System, ohne jedoch dabei die Integrationsdynamik völlig auszublenden.[65]

3.2.1 Der Verlauf der kulturwissenschaftlichen Forschung zur europäischen Integration

Wie bereits erwähnt hängt die kulturwissenschaftliche Betrachtung insbesondere bei der europäischen Integration eng mit der soziologischen Integrationstheorie zusammen, da immer noch umstritten ist, in wie weit sich der europäische Integrationsprozess losgelöst

[63] Vgl. Knelangen, Soziologische und kulturwissenschaftliche Beiträge zur Integrationstheorie, 2001, S. 1.

[64] Vgl. Bieling/Lerch, Theorien der europäischen Integration. Ein Systematisierungsversuch, in: Bieling/Lerch. Theorien der europäischen Integration, 2006, S. 9, S. 9.

[65] Vgl. Bieling/Lerch, Theorien der europäischen Integration. Ein Systematisierungsversuch, in: Bieling/Lerch. Theorien der europäischen Integration, 2006, S. 9, S. 13 f.

von nationalen Gesellschaftsräumen vollzieht.[66] Die Klärung dieser Grundannahme ist demnach für die kulturwissenschaftliche Analyse der europäischen Integration von unmittelbarer Relevanz.[67]
In der kulturwissenschaftlichen Integrationsforschung bezüglich der europäischen Integration wird deshalb untersucht, welche Wechselwirkungen zwischen der politischen Integration und dem Wandel kultureller Wertvorstellungen und Sinnsysteme bestehen, unter Berücksichtigung der soziologischen Theorien.[68] Die Zielüberlegung hierbei ist, ob sich die politischen Rahmenbedingungen der Europäischen Union in einer kollektiven und kulturellen Identität Europas niederschlagen und welche Qualität (z.B. welche Tiefe) diese erreichen kann.[69] Weiterhin ist es sinnvoll danach zu fragen, ob diese Entwicklung als wünschenswert angesehen werden kann. Durch diese Zielstellungen werden sowohl die Prozess- als auch die Zustandsdimension angesprochen.

Geht man von der Überlegungen der klassischen sozialen Integrationsforschung aus, ist zu erkennen, dass zunächst bloß eine Übertragung der Erfahrungen der Nationalstaatbildung auf die übergeordnete europäische Ebene erfolgte: Die Ergebnisse eines einheitlichen Bundesstaates mit einer europäischen Vergesellschaftung liegen jedoch nicht im Einklang mit den praktischen Ausprägungen und sind deshalb als unbrauchbar einzustufen.[70]

---

[66] Vgl. Knelangen, Soziologische und kulturwissenschaftliche Beiträge zur Integrationstheorie, 2001, S. 1.
[67] Vgl. Knelangen, Soziologische und kulturwissenschaftliche Beiträge zur Integrationstheorie, 2001, S. 1.
[68] Vgl. Knelangen, Soziologische und kulturwissenschaftliche Beiträge zur Integrationstheorie, 2001, S. 2.
[69] Vgl. Knelangen, Soziologische und kulturwissenschaftliche Beiträge zur Integrationstheorie, 2001, S. 2.
[70] Vgl. Große Hüttmann/Fischer, Föderalismus, in: Bieling/Lerch. Theorien der europäischen Integration, 2006, S. 41, S. 49.

Durch die Entwicklungen in der europäischen Integration ab Beginn der 1980er änderte sich auch die soziologische Herangehensweise, indem die gesellschaftliche Dimension immer weniger systematische Berücksichtigung fand. Stattdessen rückten die zur Integration beitragenden politischen Beziehungen in den Vordergrund, mit der Untersuchung der nationalen Sozialstrukturen.[71] Anhand von Kriterien wie z.B. Familienstruktur, soziale Milieus, Struktur der Erwerbstätigkeit und Wohlfahrtsstaat wurden „Tendenzen zu einer europäischen Gesellschaft“ identifiziert, die auf gewissen Gemeinsamkeiten beruht.[72] Trotzdem bleibt bei diesen soziologischen Überlegungen die Annahme von unterscheidbaren Nationalstaaten bestehen, die als wesentliche Grundlage für die Sozialstrukturen dienen.[73]

Demgegenüber setzten Überlegungen ein, dass eine Globalisierung dafür sorgen kann, dass der Nationalstaat und die daran gekoppelte Gesellschaft ihre Funktionen zu Gunsten einer europäischen Gesellschaft verlieren kann, die weder eine feste kulturelle Einheit noch eine Vielfalt nationaler Traditionen darstellt: Durch selbstverantwortlich handelnde Individuen ergibt sich eine sozial differenzierte und kulturell pluralisierte europäische Mehrebenengesellschaft.[74] Dadurch ergibt sich keine einheitliche Identität, wie es in der klassischen Gesellschaftsforschung zu erwarten wäre.[75]

---

[71] Vgl. Knelangen, Soziologische und kulturwissenschaftliche Beiträge zur Integrationstheorie, 2001, S. 5.

[72] Vgl. Kaeble, Europäische Vielfalt und der Weg zu einer europäischen Gesellschaft, in: Hradil/Immerfall, Die westeuropäischen Gesellschaften im Vergleich, 1997, S. 27, S. 62.

[73] Vgl. Knelangen, Soziologische und kulturwissenschaftliche Beiträge zur Integrationstheorie, 2001, S. 6 f.

[74] Vgl. Münch, Offene Räume. Soziale Integration diesseits und jenseits des Nationalstaats, 2001, S. 230.

[75] Vgl. Münch, Offene Räume. Soziale Integration diesseits und jenseits des Nationalstaats, 2001, S. 270.

Es steht dennoch weiterhin die Frage einer aus dem Integrationsprozess resultierenden gemeinsamen Identität als Gegenstand der Forschung.[76] Diese sollte sich bei erfolgreicher Integration auf gesellschaftlicher Ebene herausbilden.

Es kann jedoch festgestellt werden, dass zwischen der politischen und der ökonomischen Integration auf der einen Seite und der gesellschaftlichen und der kulturellen Integration eine große Diskrepanz besteht, die sich zunehmend als strukturelles Problem in der europäischen Politik darstellen.[77]
Die Ursache liegt darin, dass noch nicht genügend demokratische politische Handlungsfähigkeit auf die übergeordnete Union übertragen ist, um Solidarität und kollektive Identität zu erzeugen.[78] Außerdem fehlt (noch) eine gemeinsame Vergangenheit, die sich aus gemeinsamen Erfahrungen und Erinnerungen zusammensetzt, um eine Identitätsbildung zu begünstigen.[79]

Dies liefert als Zwischenergebnis der kulturellen Integrationsforschung, dass die kulturelle Dimension eine wesentliche Rolle spielt, da zu erkennen ist, dass die nationalen gesellschaftlichen Barrieren nicht mehr als existent anerkannt werden können. Individuelle Entwicklungen der einzelnen Akteure bewirken eine ten-

[76] Vgl. Knelangen, Soziologische und kulturwissenschaftliche Beiträge zur Integrationstheorie, 2001, S. 8.
[77] Vgl. Knelangen, Soziologische und kulturwissenschaftliche Beiträge zur Integrationstheorie, 2001, S. 8.
[78] Vgl. Münch, Das Projekt Europa. Zwischen Nationalstaat, regionaler Autonomie und Weltgesellschaft, 1993, S. 103.
[79] Vgl. Kielmannsegg, Integration und Demokratie, in: Jachtenfuchs/Kohler-Koch, Europäische Integration, 1996, S. 47, S. 54 ff.

denziell einen Wandel von homogenen zu pluralistischen kulturellen Ausprägungen.[80]

Als weitere Überlegung wird der Einfluss der übergeordneten Institutionen auf die Integration betrachtet. Verbunden mit den Zielen der europäischen Integration werden supranationale Institutionen geschaffen, um z.B. den gemeinsamen Binnenmarkt zu ermöglichen, oder aber auch die Währungsunion.[81] Durch diese übergeordneten Institutionen, die eine Übertragung von nationalstaatlichen Interessen beinhaltet, kann es zur Bildung von gemeinsamen Werten und Vorstellungen kommen, die sich von den ursprünglichen nationalen Überzeugungen auf die europäische Ebene übertragen.[82]
Untersuchungsgegenstand ist hierbei nun, ob sich aus diesen geschaffenen Institutionen europäische Identitäten herausbilden.

3.2.2 Bilanz der kulturwissenschaftlichen Fragestellung zur europäischen Integration

Trotz einer gewissen Berechtigung des Festhaltens der soziologischen Integrationsforschung am nationalen Ordnungsrahmen, da dieser immer noch erkennbar vorhanden ist, wendet sich die kulturwissenschaftliche Integrationsforschung vornehmlich dem funktionalen Handlungszusammenhängen zu.[83]
Dies ist insoweit sinnvoll, da das staatliche Gesellschaftsmuster nicht auf die europäische Ebene übertragbar ist; ferner ist zu beob-

---

[80] Vgl. Knelangen, Soziologische und kulturwissenschaftliche Beiträge zur Integrationstheorie, 2001, S. 9.
[81] Vgl. Nölke, Supranationalismus, in: Bieling/Lerch. Theorien der europäischen Integration, 2006, S. 145, S. 145.
[82] Vgl. Knelangen, Soziologische und kulturwissenschaftliche Beiträge zur Integrationstheorie, 2001, S. 10 f.
[83] Vgl. Knelangen, Soziologische und kulturwissenschaftliche Beiträge zur Integrationstheorie, 2001, S. 11.

achten, dass politische Integrationsentscheidungen signifikanten Einfluss auf die gesellschaftliche Ebene nehmen.[84]

Unklar ist zum jetzigen Zeitpunkt dabei, ob und wie sich eine gemeinsame europäische Identität bildet, oder ob es zu der angesprochenen multikulturellen Ausprägung kommt, da eine nationalstaatliche Ausrichtung vorherrschend bleibt. Diese prognostizierten pluralistischen kulturellen Ausprägungen könnten zu einer gesellschaftlichen Entwicklung führen, ähnlich wie es in den USA vorherrscht.[85] Dies bedeutet, dass Europa sich zu einem wesentlich vielschichtigerem Gebilde aus lokalen Gemeinden, mehr oder weniger starken Regionen, immer mehr verblassenden Resten von Nationen und einer Vielzahl horizontal angeordneter Interessengruppen, vor allem aber selbstverantwortlich handelnden Individuen entwickelt.[86]

3.3 Die wirtschaftswissenschaftliche Dimension der Europäischen Integration

Wie einleitend erwähnt, war der wirtschaftliche Zusammenschluss eines der ersten Integrationsfelder innerhalb der europäischen Integration.

Einfacher als bei der Betrachtung der kulturwissenschaftlichen Dimension zuvor, lässt sich die wirtschaftswissenschaftliche Dimension, auch wenn sie stark von den politischen Vorgaben beeinflusst wird, beurteilen.

---

[84] Vgl. Knelangen, Soziologische und kulturwissenschaftliche Beiträge zur Integrationstheorie, 2001, S. 12.

[85] Vgl. Wolf, Neo-Funktionalismus, in: Bieling/Lerch. Theorien der europäischen Integration, 2006, S. 65, S. 67.

[86] Vgl. Münch, Offene Räume. Soziale Integration diesseits und jenseits des Nationalstaats, 2001, S. 238.

3.3.1 Wirtschaftliche Zielstellung im Rahmen der europäischen Integration

Stufenweise wurden die Ziele, die mit der europäischen Wirtschaftsintegration angestrebt werden, erweitert.[87] Wirtschaftliche Ziele sind allgemein die Förderung des wirtschaftlichen und sozialen Fortschritts und ein hohes Beschäftigungsniveau sowie eine ausgewogene und nachhaltige Entwicklung.[88] Dies lässt sich mit der bereits weiter oben gegebenen Zielstellung der Erlangung wirtschaftlicher Vorteile zusammenfassen. Auch soll noch einmal an die ursprünglich politisch motivierte Zielstellung bei der Gründung der EWG erinnert werden, die durch den gemeinsamen Wirtschaftsraum auch politischen Frieden und Freiheit wahren wollte.[89]

Erreicht werden sollen die wirtschaftlichen Ziele laut EG- und später auch laut EU-Vertrag (siehe vor allem EG-Vertrag Artikel 3) – unter der Beachtung des Subsidiaritätsprinzips – durch eine Reihe von Aufgaben und Instrumenten, vor allem durch die Schaffung eines Raumes ohne Binnengrenzen – also eines gemeinsamen Binnenmarktes, die Stärkung des wirtschaftlichen und sozialen Zusammenhalts und die Errichtung einer Wirtschafts- und Währungsunion, die auch eine einheitliche Währung umfasst.[90]

---

[87] Vgl. Brasche, Europäische Integration. Wirtschaft, Erweiterung und regionale Effekte, 2008, S. 8.

[88] Vgl. Brasche, Europäische Integration. Wirtschaft, Erweiterung und regionale Effekte, 2008, S. 8.

[89] Vgl. Rhenisch, Europäische Integration und industrielles Interesse, 1999, S. 20.

[90] Vgl. Brasche, Europäische Integration. Wirtschaft, Erweiterung und regionale Effekte, 2008, S. 8.

Somit haben sich die Staaten der Europäischen Union, bzw. ehemals der Europäischen Gemeinschaft, eine sehr weitreichende wirtschaftliche Integration zum Ziel gesetzt.[91]

Darüber hinaus wird in den vertraglichen Ausformulierungen angenommen, dass eine gleichmäßige und konvergente Entwicklung der Mitgliedsstaaten, die auch einen Ausgleich regionaler und sozialer Ungleichgewichte einschließt (der wirtschaftliche und soziale Zusammenhalt), mit der der Schaffung des Binnenmarktes und der Einführung des Euro harmonieren können. Diese Zielharmonie ist allerdings – selbst auf der Ebene der EU – umstritten, da sich z.B. benachteiligte Regionen im Laufe der Existenz des europäischen Binnenmarktes herausgebildet haben, die deshalb besonders gefördert werden.[92]

Anzumerken ist weiterhin, dass die Steuerung zur wirtschaftlichen Zielerreichung nicht immer auf der Ebene der Europäischen Union angesiedelt ist, obwohl hier die Zuständigkeiten angesiedelt werden. So verbleiben z.B. die Fiskal- und Steuerpolitik als Instrumente zur Erreichung eines hohen Beschäftigungsniveaus auf nationaler Ebene.[93]

3.3.2 Stand des europäischen Wirtschaftsintegrationsprozesses

Durch die Verflechtungen der verschiedenen Dimensionen ergeben sich Konsequenzen für die wirtschaftliche Integration.

---

[91] Vgl. Kruber, Europäische Wirtschaftsintegration, in: May, Handbuch zur ökonomischen Bildung, 2005, S. 553, S. 556.
[92] Vgl. Brasche, Europäische Integration. Wirtschaft, Erweiterung und regionale Effekte, 2008, S. 9 f.
[93] Vgl. Brasche, Europäische Integration. Wirtschaft, Erweiterung und regionale Effekte, 2008, S. 9.

Das dargelegte wirtschaftliche Integrationsziel ist sehr hoch angesiedelt, umso komplexer ist deren Umsetzung in der Praxis.[94] Die Integration ist jedoch in den verschiedenen Dimensionen unterschiedlich weit fortgeschritten. So bremsen Rückstände auf der politischen Ebene immer wieder Fortschritte in der wirtschaftlichen Integration.[95]

Insgesamt kann aber konstatiert werden, dass von den „drei Säulen" der europäischen Integration, wie sie im Vertrag über die Europäische Union vorgesehen sind, die wirtschaftlichen Integrationsprozesse am weitesten fortgeschritten sind (die erste Säule beinhaltet die wirtschaftlichen Schwerpunkte mit der Schaffung eines Binnenmarktes und der Währungsunion).[96]

Die Hemmnisse der politischen Integration, die Auswirkungen auf die wirtschaftliche Integrationsdimension besitzen, liegen vor allem in dem so genannten „Demokratiedefizit" der europäischen Gemeinschaft.[97] Immer noch sind nationale politische Interessen vorherrschend, da die Politik auch auf nationaler Ebene geschieht und bislang nur wenig supranationale Institutionen gebildet sind, die zudem nicht den vollen Kompetenzumfang inne haben.[98]

Folglich ist ein unzureichend entwickeltes Gemeinschaftsbewusstsein der europäischen Akteure schädlich für die Durchsetzung von übergeordneten (wirtschaftlichen) Interessen.

Trotz dieser Schwierigkeiten kann der wirtschaftliche Teilbereich innerhalb der europäischen Integration als weitreichend umgesetzt

[94] Vgl. Kruber, Europäische Wirtschaftsintegration, in: May, Handbuch zur ökonomischen Bildung, 2005, S. 553, S. 556.

[95] Vgl. Kruber, Europäische Wirtschaftsintegration, in: May, Handbuch zur ökonomischen Bildung, 2005, S. 553, S. 556.

[96] Vgl. Kruber, Europäische Wirtschaftsintegration, in: May, Handbuch zur ökonomischen Bildung, 2005, S. 553, S. 556.

[97] Vgl. Knelangen, Soziologische und kulturwissenschaftliche Beiträge zur Integrationstheorie, 2001, S. 8.

[98] Vgl. Nölke, Supranationalismus, in: Bieling/Lerch. Theorien der europäischen Integration, 2006, S. 145, S. 145.

angesehen werden. So wurde der im EWG-Vertrag geforderte gemeinsame Markt fast vollständig umgesetzt, indem die geforderten „vier Freiheiten“ (freier Warenverkehr, Freizügigkeit der Arbeitskräfte, Niederlassungs- und Dienstleistungsfreiheit sowie freier Kapitalverkehr) eingerichtet wurden.[99]

Die gewählte Form der Liberalisierung der Märkte hat innerhalb der Mitgliedsstaaten zu Wohlstand und Wachstum beigetragen, wenn diese auch durch politische Einzelinteressen verlangsamt wurden.[100] Die Erwartung einer lohnenden ökonomischen Zusammenarbeit lässt eine Bewertung der europäischen Wirtschaftsgemeinschaft für viele Akteure als attraktiv zu, weshalb alte und zukünftige Mitglieder ihr eine hohe Akzeptanz entgegen bringen.[101] Diese positive Einstellung gegenüber den wirtschaftlichen Vorhaben ist dem Integrationsprozess förderlich.

Als Integrationspolitik nutzte die Europäische Union zur Zielerreichung (vor allem in den 90ern zur Erreichung des Binnenmarktes) die gemäßigte Strategie der funktionellen Integration in Verbindung mit einer komplementären Politikintegration: Der funktionelle Ansatz umfasst den Abbau von Barrieren für den Handel und die Freizügigkeit von Produktionsfaktoren. Dadurch sollen zunehmend gemeinsame Interessen und Ordnungsformen entstehen, die schrittweise zum Zusammenwachsen beitragen. Der Abbau von Integrationshemmnissen wird ergänzt durch gleichzeitige in-

---

[99] Vgl. Kruber, Europäische Wirtschaftsintegration, in: May, Handbuch zur ökonomischen Bildung, 2005, S. 553, S. 557.

[100] Vgl. Brasche, Europäische Integration. Wirtschaft, Erweiterung und regionale Effekte, 2008, S. 345.

[101] Vgl. Brasche, Europäische Integration. Wirtschaft, Erweiterung und regionale Effekte, 2008, S. 345.

stitutionelle Vorkehrungen, die die Marktintegration stützen und gegen eine mögliche Renationalisierung absichern sollen.[102]

3.4 Zusammenfassende Beurteilung der europäischen Integration

Die europäische Integration ist eine Integration auf gewollt verschiedenen Ebenen.
Die Integration ist dabei in den verschiedenen Dimensionen unterschiedlich weit fortgeschritten; dies ist ebenfalls das Resultat der unterschiedlichen Aktivitäten der beteiligten Mitgliedsstaaten, die der wirtschaftlichen Entwicklung sowohl anfänglich als auch noch einmal in den 90er Jahren klar den Vorrang gaben.
Dennoch zeigen die Ausführungen deutlich, dass einzelne Integrationsdimensionen nicht separat zu betrachten sind bzw. exklusiv durchlaufen werden können, da die Abhängigkeiten zu den Entwicklungen anderer Ebenen zu stark sind.
Dementsprechend sind verschiedene wissenschaftliche Perspektiven in die Betrachtung mit einzubeziehen, um eine vernünftige Integrationsforschung zu erhalten, da gesellschaftliche, politische und wirtschaftliche Dimension im Rahmen der europäischen Integration stark miteinander verflochten sind.

Weiterhin hat sich gezeigt, dass die klassischen soziologischen Integrationstheorien allein keine zufrieden stellenden Ergebnisse liefern. In der soziologischen Perspektive ist auch eher die Neigung, den Einfluss der Politik als gering zu veranschlagen.[103] Die Ausführungen zeigen hingegen, dass politischen Maßnahmen sich si-

[102] Vgl. Kruber, Europäische Wirtschaftsintegration, in: May, Handbuch zur ökonomischen Bildung, 2005, S. 553, S. 560.
[103] Vgl. Knelangen, Soziologische und kulturwissenschaftliche Beiträge zur Integrationstheorie, 2001, S. 11.

gnifikant auf gesellschaftlicher als auch wirtschaftlicher Ebene auswirken.

4 Grundlagen der Unternehmensphilosophie und der Unternehmenskultur

Für die Zusammenhänge innerhalb des Gebiets der Unternehmensintegration ist es außerdem hilfreich, einige Grundlagen der „strategischen Unternehmenspositionierung und –definierung“ darzustellen, um eine vernünftige Verständnisgrundlage der im Zusammenhang mit dem Thema der Integrationsphilosophie behandelten Problemstellungen zu schaffen.
Zunächst wird dabei auf die Bedeutung der Unternehmensphilosophie und anschließend auf die Unternehmenskultur eingegangen.

4.1 Unternehmensphilosophie

Die Unternehmensphilosophie bildet im Rahmen des gesamten Unternehmensaufbaus die Basis des Subjekts „Unternehmen“ als Organisationseinheit.[104] Gemeinsam mit der Unternehmenspolitik (die Festlegung von Grundwerten, von Unternehmenszielen, die auch Geschäfts- und Führungsgrundsätze beinhalten) ist die Unternehmensphilosophie als Voraussetzung für die Formulierung der im nachfolgenden Teilabschnitt beschriebenen Unternehmenskultur anzusehen.[105] Insbesondere bei dem Verständnis der Unternehmensphilosophie als Kernaufgabe der Verbindung der wirtschaftlichen und sozialen Ziele, ergibt sich die Unternehmenskultur als die tatsächlich wahrnehmbare Auswirkung der Unternehmensphilosophie.[106]
Nachfolgend werden durch die Definition und die Beschreibung der Bestandteile und Funktionen eine Abgrenzung zu den anderen Begrifflichkeiten aufgezeigt und der Zusammenhang zur Unternehmenskultur genauer erläutert.

---

[104] Vgl. Roth, Unternehmensphilosophie, 2007, S. 6.
[105] Vgl. Jung, Personalwirtschaft, 2008, S. 23.
[106] Vgl. Jung, Personalwirtschaft, 2008, S. 23.

4.1.1 Definition

Die Unternehmensphilosophie als normatives Fundament beschreibt die Unternehmensidentität in Form eines (Unternehmens-)Leitbilds.[107] „Die Unternehmensphilosophie ist die Wertebasis des Unternehmens, die die Formulierung und Umsetzung der Ziele eines Unternehmens beeinflusst und die Handlungen der Organisationsmitglieder koordiniert."[108] Grundgedanke ist hierbei eine einheitliche Linie für das gesamte Unternehmen vorzugeben und alle Handlungsinstrumente in einem einheitlichen Rahmen darzustellen.[109] Weiterhin beeinflusst die Unternehmensphilosophie als Fundament die durch die Unternehmenspolitik konkret verfolgten Unternehmensziele.[110]

Die Unternehmensphilosophie besteht dabei aus den klar definierten, obersten Führungsgrundsätzen und den eher implizit verfolgten Einstellungen der Eigentümer, Manager und Führungskräfte gegenüber der Umwelt (z.B. Stakeholder wie Kunden und Lieferanten, aber auch die Konkurrenten).[111]

Im Zentrum steht dabei das Unternehmensleitbild, dass die Mission und Vision der Organisation in schriftlicher Form festhält und den Rahmen für die Unternehmensstrategie – und somit die Zielausrichtungen und operative Aktivitäten – bildet.[112]

---

[107] Vgl. Olfert/Rahn, Einführung in die Betriebswirtschaftslehre, 2001, S. 172.

[108] Proff, Internationales Management in Ostasien, Lateinamerika und Schwarzafrika, 2004, S. 179.

[109] Vgl. Stafflage, Unternehmenskultur als erfolgsentscheidender Faktor, 2005, S. 17.

[110] Vgl. Schierenbeck, Grundzüge der Betriebswirtschaftslehre, 2004, S. 29.

[111] Vgl. Roth, Unternehmensphilosophie, 2007, S. 6.

[112] Vgl. Jung, Personalwirtschaft, 2008, S. 435.

4.1.2 Bestandteile und Funktionen des Unternehmensleitbilds

Dieses durch das Leitbild vorgegebene Idealbild über das Selbstverständnis und die Grundprinzipien der Organisation besitzt nach innen Orientierungs- und Motivationsfunktion für die Mitarbeiter des Unternehmens und parallel dazu nach außen den Charakter der Darstellung des Unternehmens gegenüber der Öffentlichkeit.[113] Es ist somit die Basis für die so genannte „Corporate Identity“ der Organisation, die einheitliche Darstellung des Unternehmens in Form einer „Unternehmensidentität“.[114] Das Unternehmensleitbild beschreibt als grundsätzliche Darstellung die Philosophie des Unternehmens und ist Ausdruck organisatorischer Eigenverantwortung durch die Festlegung der grundlegenden Überzeugungen und Werte der Organisation.[115] Dadurch wird der Rahmen der Entwicklung aufgezeigt, die die Organisation anstrebt.

Die Orientierungsfunktion nach innen für die Mitarbeiter wird durch die nachvollziehbaren und realistischen Ziele erreicht, die eine Identifikation mit dem Unternehmen ermöglichen und eine positive Motivation für die Individuen erwirken sollen.[116] Dies wird dadurch unterstützt, dass als generelle Maßstäbe sowohl die „Vision“ klar verdeutlicht (die Beantwortung der Frage, wofür das Unternehmen steht / bzw. die zukünftige Aufgabe des Unternehmens in der Gesellschaft) und ebenso die „Mission“ (die Fragestellung, was gemeinsam erreicht werden soll) dargestellt wird.[117]

Nach außen steht die positive Öffentlichkeitsarbeit, die das Image des Unternehmens definiert und seinen Bezug zur Gesellschaft und

[113] Vgl. Weatherly, Handbuch Systemisches Management, 2009, S. 244.
[114] Vgl. Olfert/Rahn, Einführung in die Betriebswirtschaftslehre, 2001, S. 172.
[115] Vgl. Weatherly, Handbuch Systemisches Management, 2009, S. 244.
[116] Vgl. Roth, Unternehmensphilosophie, 2007, S. 6.
[117] Vgl. Palupski, Über Führung, 2004, S. 337.

Politik beschreibt. Hierdurch wird das Gesellschaftsbild geschaffen.[118]

4.2 Unternehmenskultur

Wie zuvor erwähnt, ergibt sich das kulturelle Erscheinungsbild des Unternehmens u.a. als Ableitung aus der erstellten Unternehmensphilosophie.

Die Unternehmenskultur ermöglicht ethische Handlungs- und Entscheidungsprozesse.[119]

Sie ist wiederum das zentrale Element der nach außen wirkenden Corporate Identity.[120]

4.2.1 Definition

„Die Unternehmenskultur umfasst die Gesamtheit der im Unternehmen gültigen Grundüberzeugungen, Werte und Normen, die das Verhalten der Mitglieder des Unternehmens nach innen und außen auf nachhaltige Weise prägen."[121] Somit kann die Unternehmenskultur auch als die tatsächlich wahrnehmbare Auswirkung der Unternehmensphilosophie beschrieben werden.[122] Ziel der Unternehmenskultur ist es, das Unternehmen so zu gestalten und zu präsentieren, dass Mitarbeiter, aber auch externe Gruppen, sich mit ihm identifizieren können und somit ein positives Erscheinungsbild zu unterstützen.[123] Dementsprechend kann die Unternehmenskultur als so genannter „weicher Erfolgsfaktor" betrachtet werden.[124]

---

[118] Vgl. Roth, Unternehmensphilosophie, 2007, S. 6.
[119] Vgl. Jung, Personalwirtschaft, 2008, S. 23.
[120] Vgl. Olfert/Rahn, Einführung in die Betriebswirtschaftslehre, 2001, S. 172.
[121] Palupski, Über Führung, 2004, S. 247.
[122] Vgl. Jung, Personalwirtschaft, 2008, S. 23.
[123] Vgl. Jung, Personalwirtschaft, 2008, S. 23.
[124] Vgl. Rohac, Unternehmenskultur und ihre zielgerichtete Veränderung, 2009, S. 13 ff.

Die Unternehmenskultur setzt sich aus mehreren Kernmerkmalen zu einem komplexen, schwer fassbaren Phänomen zusammen:[125]

- implizit: Die Orientierungsmuster, Verhaltensnormen und Überzeugungen sind selbstverständliche Annahmen, die dem täglichen Handeln zugrunde gelegt werden und worüber im Normalfall nicht nachgedacht wird,
- kollektiv: Die Unternehmenskultur bezieht sich auf gemeinsame Orientierungen, Werte und Handlungsmuster, die das Handeln des einzelnen Mietgliedes prägen,
- konzeptionell: Die Unternehmenskultur vermittelt Sinn und Ordnung in Form eines Grundverständnisses vorgibt,
- emotional: Unternehmenskulturen prägen nicht nur die Kognitionen, sondern normieren auch, wie emotional mit verschiedenen Objekten, Situationen, Einstellungen, Werten umgegangen werden soll,
- historisch: Die Unternehmenskulturen sind historisch gewachsene Strukturen als zunächst ungeplantes Ergebnis von Lernprozessen beim Umgang mit Problemen aus der Umwelt und dem Unternehmen.

[125] Vgl. Schreyögg, Organisation, 2003, S. 450 ff.

4.2.2 Aufbau der Unternehmenskultur

Klassisch kann der Aufbau einer Unternehmenskultur nach dem Kulturebenen-Modell von *Schein* erläutert werden.[126] Hiernach besteht eine Unternehmenskultur aus mehreren Ebenen (siehe nachfolgende Abbildung 1).

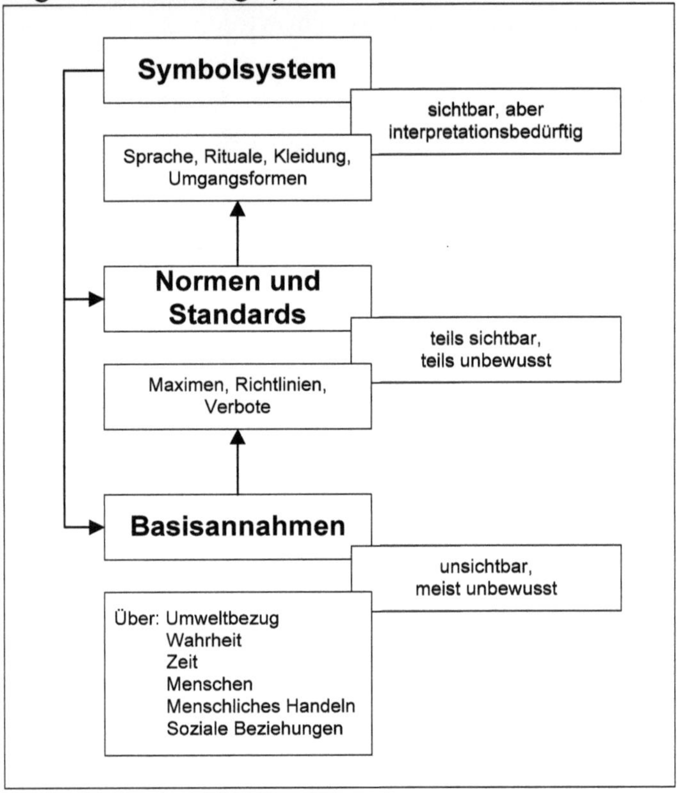

Abbildung 1: *Kulturebenen und ihr Zusammenhang*
Quelle: *Schreyögg, Organisation, 2003, S. 453*

[126] Vgl. Rohac, Unternehmenskultur und ihre zielgerichtete Veränderung, 2009, S. 29 f.

Um die Unternehmenskultur als Ganzes erfassen und verstehen zu können, ist es nun notwendig sich den kulturellen Kern zu erschließen, indem man, von den Oberflächenphänomenen ausgehend, sich sukzessive auf den Ebenen nach unten vorarbeitet.[127] Zusammengefasst lässt sich hieraus erkennen, dass die Organisationskultur auf der tiefsten Ebene die „unsichtbaren" Basisannahmen beinhaltet (Interpretations-, Wert- und Denkmuster über die Umwelt, die Erfassung der Realität, die Natur des Menschen, Verhaltensorientierungen usw.). Darauf aufbauend folgt zuerst die Ebene der Werte und Normen (teils sichtbar) und schließlich die der Zeichen, Symbole und Rituale (sichtbar, aber interpretationsbedürftig), die auch „Artefakte" genannt werden, in denen sich die Basisannahmen ausdrücken und die sie gleichzeitig vermitteln und stabilisieren.[128]

4.2.3 Auswirkungen der Unternehmenskultur

Aufgrund des Umfangs der Arbeit wird hier fokussiert auf den Aspekt eingegangen, zu beurteilen, ob eine Unternehmenskultur als „stark" oder „schwach" eingeordnet werden kann und anschließend zu umreißen, welche Auswirkungen starke Unternehmenskulturen haben können.[129] Besonders bei starken Organisationsstrukturen werden positive und negative Effekte ausgemacht, die entscheidenden Einfluss nehmen können.[130]

Zur Beurteilung, ob eine Kultur „stark" oder „schwach" ist, werden unterschiedliche Dimensionen herangezogen:[131]

[127] Vgl. Schreyögg, Organisation, 2003, S. 453.
[128] Vgl. Schreyögg, Organisation, 2003, S. 453 ff.
[129] Vgl. Schreyögg, Organisation, 2003, S. 464.
[130] Vgl. Palupski, Über Führung, 2004, S. 249.
[131] Vgl. Schreyögg, Organisation, 2003, S. 464.

- Prägnanz: Es wird danach unterschieden, wie klar die Organisationsmuster und Werthaltungen sind, die die Unternehmenskulturen vermitteln. Starke Unternehmenskulturen zeichnen sich dadurch aus, dass sie klare Vorstellungen darüber beinhalten, was erwünscht ist und was nicht, wie Ereignisse zu deuten und Situationen zu strukturieren sind.
- Verbreitungsgrad: Hierunter ist das Ausmaß zu verstehen, in dem die Organisationsmitglieder die Kultur teilen. Starke Unternehmenskulturen bedeuten, dass viele bis hin zu alle ihr Handeln nach den Orientierungsmustern und Werten ausrichten.
- Verankerungstiefe (Internalisierung): Dieser Faktor beschreibt, wie selbstverständlich die Werte und Standards der Kultur Bestandteil des täglichen Handelns geworden sind. Als weiteres Merkmal zählt zur Verankerungstiefe auch die Persistenz, d.h. die Stabilität der kulturellen Gestalt über einen längeren Zeitraum hinweg.

Wie oben bereits beschrieben, können starke Unternehmenskulturen eine Reihe von positiven aber auch negativen Effekte bewirken. Diese sind übersichtlich in der nachfolgenden Tabelle zusammengefasst (siehe Tabelle 1):

positive Effekte:	negative Effekte:
• Handlungsorientierung	• Tendenz zur Abschließung
• reibungslose Kommunikation	• Fixierung auf traditionelle Erfolgsmuster
• rasche Entscheidungsfindung	• kollektive Vermeidungshaltung ggü. neuen Ideen
• Motivation und Teamgeist	• Abwertung neuer Orientierungen
• zügige Implementierung von Plänen, Projekten und Programmen	• strategische Barrieren für den Wandel des Unternehmens
geringer formaler Kontrollaufwand	• erzwungenes Kulturdenken

Tabelle 1: *Effekte starker Unternehmenskulturen*
Quelle: *Papulski, 2004, S. 249, in Anlehnung an: Schreyögg, 2003, S. 475 f.*

Positive Effekte sind z.B. die Handlungsorientierung oder die Stabilität: Starke Unternehmenskulturen erfüllen eine Art „Kompassfunktion“, die bewirkt, dass das einzelne Unternehmensmitglied sich leicht zurechtfindet und die Organisation überschaubar ist. Stabilität bedeutet, dass durch ausgeprägte und gemeinsame Orientierungsmuster Ängste reduziert werden und das Selbstvertrauen der einzelnen Mitglieder gestärkt wird. Es besteht dadurch wenig Anreiz dem Unternehmen fern zu bleiben, dadurch werden Fluktuation und Fehlzeit gering gehalten.[132] Als Beispiele für negative Effekte ist vor allem die Tendenz zur Abschließung zu nennen: Tief internalisierte Wertsysteme können leicht dazu beitragen, das Kritik, Warnsignale etc., die zur bestehenden Kultur in Widerspruch stehen, verdrängt und ignoriert werden.[133]

---

[132] Vgl. Schreyögg, Organisation, 2003, S. 475 f.
[133] Vgl. Schreyögg, Organisation, 2003, S. 475 f.

5 Integrationen bei Unternehmenszusammenschlüssen

Nicht nur – wie voran ausführlich vorgestellt – bei Vorgängen, die ganze Gesellschaften oder Wirtschaftsräume betreffen, findet die Thematik der Integration Anwendung, auch auf der einzelbetriebswirtschaftlichen Ebene besitzt Integration eine Relevanz.[134] Dies ist besonders bei den Unternehmenszusammenschlüssen der Fall. Hier steht der Prozessgedanke der Integration im Vordergrund.[135]

Hierbei spricht man von der „Unternehmensintegration“ als prozessualen Vorgang, bei dem konkret betrachtet wird, welche wirtschaftlichen Einheiten betroffen sind und was innerhalb des Unternehmens integriert wird.[136]

Akteure der Integration sind normalerweise die Mitarbeiter der betroffenen Wirtschaftseinheiten; als Hauptziel der Integration wird das Funktionieren der neuen ganzen betriebswirtschaftlichen Einheit als Ganzes formuliert, das sich letztendlich in der Erzielung wirtschaftlicher Erfolge widerspiegelt.[137] Unterschieden wird bei dieser Unternehmenszusammenführung nach der Integrationstiefe, d.h. wie weit der Zusammenschluss vollzogen wird, z.B. ob es einzelne Unternehmensteile betrifft oder das Unternehmen als Ganzes.[138]

---

[134] Vgl. Bartoszewksi, Erfolgreiches Integrationsmanagement bei Fusionen und Akquisitionen, 2005, S. 3 ff.

[135] Vgl. Bauch, Planung und Steuerung der Post-Merger-Integration, 2004, S. 42.

[136] Vgl. Hackmann, Organisatorische Gestaltung in der Post Merger Integration, 2010, S. 29.

[137] Vgl. Bauch, Planung und Steuerung der Post-Merger-Integration, 2004, S. 42.

[138] Vgl. Steinfeld, Fusionen von Unternehmen, 2008, S. 22.

Unternehmensintegration kann somit verstanden werden als ein weitgehend rational gestalteter Prozess, der, unter Abstimmung von Marktpositionen, Angebotsmerkmalen und Ressourcen von mindestens zwei wirtschaftlichen Gebilden nach einem Zusammenschluss mit dem Ziel der Herstellung eines funktionierenden Ganzen, die Realisierung von Synergiepotentialen respektive die Erreichung gemeinsamer strategischer Zielsetzungen ermöglicht.[139]

Im Weiteren werden die Integrationsvorgänge bei den Unternehmenszusammenschlüssen der Mergers & Acquisitions untersucht. Hierfür werden vorab diese Formen der Unternehmenszusammenschlüsse kurz beschrieben und insbesondere die typischen Phasen, in denen Mergers and Acquisitions-Vorgänge eingeteilt werden, erläutert.

Da es sich bei der Unternehmensintegration im Schwerpunkt um einen Prozess handelt, der erfolgreich zu gestalten ist, findet das Gebiet des Integrationsmanagements auf der betriebswirtschaftlichen Ebene Anwendung. Dieses Thema wird im Anschluss an die einführenden Erklärungen zu den Mergers and Acquisitions aufgegriffen.
Darauf aufbauend wird die konkrete Fragestellung, wie Integrationen innerhalb des Mergers and Acquisitions-Vorgangs zu bewältigen sind.

5.1 Mergers and Acquisitions

Für die weiteren Ausführungen ist es sinnvoll, den Begriff der Mergers and Acquisitions zu erklären, deren Unterschiede zu er-

[139] Vgl. Bauch, Planung und Steuerung der Post-Merger-Integration, 2004, S. 47.

läutern und den typischen Ablauf, der hierbei zum Tragen kommt, zu skizzieren.

5.1.1 Unterscheidung zwischen Mergers and Acquisitions

Wie bei vielen anderen Begriffen innerhalb der Wirtschaftswissenschaften werden auch die der Mergers and Acquisitions nicht einheitlich und konsistent definiert und voneinander bzw. gegenüber anderen abgegrenzt.[140]

Der Begriff der Mergers and Acquisitions stammt aus dem angloamerikanischen Raum aus der Zeit der ersten Übernahmewelle (1895-1904) in den USA.[141]
In der Regel werden die Begriffe im Deutschen als Unternehmenszusammenschluss und Unternehmensübernahme bezeichnet.[142] Beide Formen können als Zusammenschlüsse im engeren Sinne gegenüber anderen Formen, wie z.B. Unternehmenskooperationen, vor allem dadurch abgegrenzt werden, dass die betroffenen Unternehmen ihre wirtschaftliche und fakultativ ihre rechtliche Selbständigkeit nach dem Zusammenschluss verlieren.[143]
Dabei wird Merger synonym mit dem Wort Fusion bezeichnet, bei der mindestens zwei Unternehmen, normalerweise etwa gleicher Größe, sich zusammenschließen und eine wirtschaftliche und rechtliche Einheit bilden.[144] Unterschieden werden hierbei die beiden Fälle der Fusion durch Aufnahme und der Fusion durch Neugründung.[145] Die Fusion durch Aufnahme geschieht, indem eines der beteiligten Unternehmen das Vermögen einschließlich der

[140] Vgl. Horzella, Wertsteigerung im M&A-Prozess, 2010, S. 24 ff.
[141] Vgl. Wirtz, Mergers & Acqusitions Management, 2003, S. 10.
[142] Vgl. Picot, Mergers & Acquisitions in Germany, 2000, S. 15.
[143] Vgl. Wirtz, Mergers & Acqusitions Management, 2003, S. 13.
[144] Vgl. Wöhe, Einführung in die Allgemeine Betriebswirtschaftslehre, 2005, S. 404
[145] Vgl. Wirtz, Mergers & Acqusitions Management, 2003, S. 13.

Verbindlichkeiten des anderen Unternehmen auf. Dabei verliert das aufgenommene Unternehmen seine Existenz. Bei der Fusion durch Neugründung werden die beteiligten Unternehmen zu einem neu gegründeten Unternehmen zusammengefasst. Dabei erlöschen alle an der Fusion beteiligten Unternehmen.
Bei Acquisitions, also einer Unternehmensakquisition oder auch Unternehmenserwerb, hingegen handelt es sich um den Kauf eines Unternehmens und dessen Eingliederung im erwerbenden Unternehmen. Dies kann auch gegen den Willen des akquirierten Unternehmens erfolgen. Dieser Unternehmenserwerb, synonym als Übernahme zu bezeichnen, erfolgt als Konzernierung im Sinne einer Eingliederung in den Unternehmensverbund ohne rechtliche Verschmelzung.[146] Hierbei lassen sich die beiden Fälle des Asset Deals (Vermögenserwerb) und des Share Deals (Beteiligungserwerb) unterscheiden: Beim Asset Deal werden alle Aktiva und Passiva des erworbenen Unternehmens in die Bilanz des Käufers übernommen, was gesetzlich einen Sachkauf darstellt, beim Share Deal kommt es zu einer mehrheitlichen Übernahme von Gesellschaftskapitalanteilen durch einen Erwerber, was einen Rechtskauf darstellt.[147]

Bei den beiden Formen der Unternehmenszusammenschlüssen ergeben sich für die Mitarbeiter der betroffenen Unternehmen besondere Anforderungen und auch Spannungsfelder, weshalb Grundlagenkenntnisse hierüber besonders wichtig für ein geeignetes Management wichtig sind.[148]

---

[146] Vgl. Wirtz, Mergers & Acqusitions Management, 2003, S. 16.
[147] Vgl. Wirtz, Mergers & Acqusitions Management, 2003, S. 16.
[148] Vgl. Steinfeld, Fusionen von Unternehmen, 2008, S. 20.

5.1.2 Vorgang von Mergers and Acquisitions

Nachfolgend werden Motive für das Anstreben von diesen Formen der Unternehmenszusammenschlüssen vorgestellt und der typische Verlauf anhand der Phasen skizziert.

5.1.2.1 Motive von Mergers and Acquisitions

Für den Zusammenschluss von Unternehmen existieren meist mehrere Motive, die unterschiedlich starken Einfluss auf die Entscheidung nehmen.[149]

Fusionen und Übernahmen können als Form der strategischen Unternehmensentwicklung betrachtet werden, mit den Unternehmen auf veränderte wirtschaftliche Rahmenbedingungen reagieren.[150] Dabei ist jeder Fusion oder Übernahme sowohl aus Käufer- als auch aus Verkäufersicht mit Chancen und Risiken verbunden, wobei die Motive sich an den Chancen orientieren.[151]

Demnach existieren aus Käufer- und aus Verkäufersicht jeweils eigene Motive, die der folgenden Aufstellung übersichtlich zu entnehmen sind (siehe Tabelle 2):

[149] Vgl. Wirtz, Mergers & Acqusitions Management, 2003, S. 58.
[150] Vgl. Wirtz, Mergers & Acqusitions Management, 2003, S. 58.
[151] Vgl. Wirtz, Mergers & Acqusitions Management, 2003, S. 58.

	Art des Motivs	Beispiel
Käufer	• Strategische Motive	• Marktmotive • Leistungsmotive • Risikomotive
	• Finanzielle Motive	• Kapitalmarktbedingte Motive • Steuerliche Motive
	• Persönliche Motive	• Hybris-Hypothese • Managerialismus-Hypothese • Free Cashflow-Hypothese • Diversifikations-Hypothese
Verkäufer	• Eigentümerspezifische Motive	• Nachfolgeregelung • Differenzen zwischen Gesellschaftern • Cash in • Beruflicher Aufstieg • Bessere alternative Investitionsmöglichkeit • Finanzielle Notlage
	• Unternehmensspezifische Motive	• Fehlende Finanzmittel für Investitionen / Wachstum • Schuldenabbau / Liquiditätsengpässe • Senkung der Kapitalkosten bzw. steuerliche Vorteile • Konzentration auf Kernkompetenzen • Strategische Neuausrichtung • Ausstieg besonders wichtiger Mitarbeiter

Tabelle 2: *Motive von M&A aus Käufer- und Verkäufersicht*
Quelle: *eigene Darstellung, in Anlehnung an: Wirtz, 2003, S. 58 ff.*

Erläuternd anzumerken ist dabei, dass auf Käuferseite strategische Motive vor allem auf Synergieeffekte abzielen, während finanzielle Überlegungen aufgrund von Rentabilitätssteigerungen getroffen werden und persönliche Motive gegenüber den eigentlichen ökonomischen Zielen der Maximierung des eigenen Nutzens den Vorrang geben.[152]

5.1.2.2 Phasen von Mergers and Acquisitions

Im Wesentlichen gliedern sich diese Unternehmenszusammenschlüsse in drei Phasen (siehe Abbildung 2): Pre M&A Phase (Vorbereitungs-Phase), Transaktion (Merger-Phase) und Post M&A Phase (Umsetzungs-Phase).[153] Einzelne Betrachtungen schließen mit der Demerger Phase, der Phase der Wiederveräußerung, noch eine vierte an, die hier jedoch vernachlässigt wird.[154]

---

[152] Vgl. Wirtz, Mergers & Acqusitions Management, 2003, S. 58 ff.

[153] Vgl. Lucks / Meckl, Internationale Mergers & Acquisitions, 2002, S. 59.

[154] Vgl. Wirtz, Mergers & Acqusitions Management, 2003, S. 107.

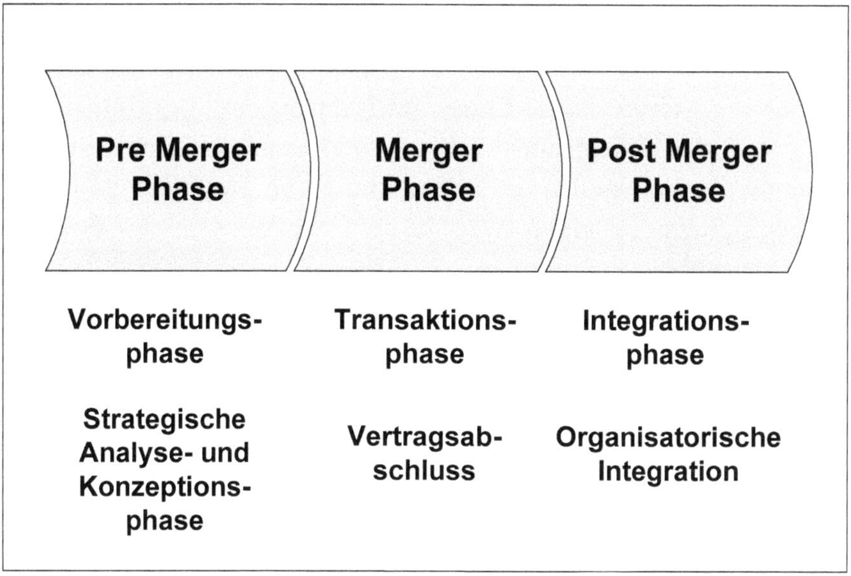

Abbildung 2: *Überblick über die M&A Phasen*
Quelle: *Eigene Darstellung*

Der kurze einführende Überblick über die Phasen ist für die späteren Lösungsansätze interessant, da man in den unterschiedlichen Phasen jeweils differenziert Einfluss auf den Erfolg des Zusammenschlusses nehmen kann.[155]

Obwohl diese Einteilung sowohl den Vorgang der Fusionen (Mergers) als auch den der Übernahmen (Acquisitions) charakterisiert, so wird zumeist in der Literatur nur von „Merger Phasen“ gesprochen, worauf sich im Folgenden ebenfalls beschränkt wird.
Grundsätzlich ist anzumerken, dass die Unterscheidung der Phasen allein deshalb von Relevanz ist, da man in den unterschiedlichen

[155] Vgl. Lucks / Meckl, Internationale Mergers & Acquisitions, 2002, S. 54 f.

Phasen jeweils differenziert Einfluss auf den Erfolg des Zusammenschlusses nehmen kann.[156]

In der Pre Merger Phase finden im Rahmen des Akquisitionsmanagement die strategischen Analyse- und Konzeptionsphasen statt. Hauptaktivitäten stellen die Entwicklung von Strategien und Auswahl möglicher Partner dar. [157]

In der Transaktionsphase kommt es zur Selektion der möglichen Vertragspartner mit anschließenden Verhandlungen und eventuellem Abschluss, das eigentliche „Deal Making".[158] Es findet ebenfalls noch einmal eine finale Unternehmensbewertung statt, um z.B. den Kaufpreis bei einer Akquisition zu bestimmen.
Die Post Merger Phase wird häufig als Integrationsphase bezeichnet.[159] Innerhalb der Integrationsphase erfolgen die eigentlichen Aktivitäten zur Umsetzung der Integrationsziele. Dazu bedarf es eines umfassenden Integrationsmanagements, das im Folgenden vorgestellt wird.[160] Zentrales Objekt in den Integrationsdurchführungen sind dabei die Unternehmenskultur, die es aus den beiden ursprünglichen der sich zusammenschließenden Unternehmen zu bilden gilt.[161]
Der Post Merger Phase wird die größte Bedeutung im Rahmen von Unternehmenszusammenschlüssen beigemessen, da hier nach statistischen Auswertungen über 50% der erfolgverhindernden Risiken eines Unternehmenszusammenschlusses liegen.[162] Integration

---

[156] Vgl. Lucks/Meckl, Internationale Mergers & Acquisitions, 2002, S. 54 f.
[157] Vgl. Wirtz, Mergers & Acqusitions Management, 2003, S. 108 ff.
[158] Vgl. Wirtz, Mergers & Acqusitions Management, 2003, S. 108 ff.
[159] Vgl. Steinfeld, Fusion von Unternehmen, 2008, S. 22.
[160] Vgl. Hohnhaus, Erfolg der M&A-Beratung bei Unternehmenstransaktionen, 2004, S. 67.
[161] Vgl. König, Erfolgreiches Fusionsmanagement, 2006, S. 135 f.
[162] Vgl. Steinfeld, Fusion von Unternehmen, 2008, S. 22.

ist dabei ein interaktiver Prozess, in dem Mitarbeiter beider Unternehmen lernen müssen, zusammenzuarbeiten und einander strategische Fähigkeiten zu übertragen.[163]
So stellt die nicht erfolgreiche Integration der Unternehmenskulturen z.B. einen so genannten weichen Faktor dar, der für das Scheitern des Unternehmenszusammenschlusses verantwortlich ist.[164]

5.2 Integrationsmanagement

Ursprünglich lässt sich das Integrationsmanagement als ein Teilgebiet des Projektmanagements einordnen, dessen Aufgabe es ist, die einzelnen Projektteile, sowie die Projektteilnehmer bzw. beteiligten Institutionen in das Projekt zu integrieren.[165]
Demzufolge beinhaltet das Integrationsmanagement beim „Projekt des Unternehmenszusammenschlusses" die Aufgabenfelder zur erfolgreichen Durchführung. Hieraus ergeben sich als Integrationsprojekt zentrale konzeptionelle Gestaltungsfelder (siehe Abbildung 3), die nachfolgend vorgestellt werden. Zu jedem dieser Themen sind konzeptionelle Entscheidungen zu treffen, die individuell für den einzelnen Fall zu gestalten sind.[166]

[163] Vgl. Hohnhaus, Erfolg der M&A-Beratung bei Unternehmenstransaktionen, 2004, S. 67.
[164] Vgl. Schuppener, Kulturorientiertes Integrationsmanagement bei Unternehmenszusammenschlüssen, 2006, S. 17.
[165] Vgl. Hagen, Projektmanagement in der öffentlichen Verwaltung, Spezifika, Problemfelder, Zukunftspotenziale, 2009, S. 85.
[166] Vgl. Müller-Stewens, Eckfeiler eines Integrationsmanagements, in: Thom/Zaugg, Excellence durch Personal- und Organisationskompetenz, 2001, S. 185, S. 188.

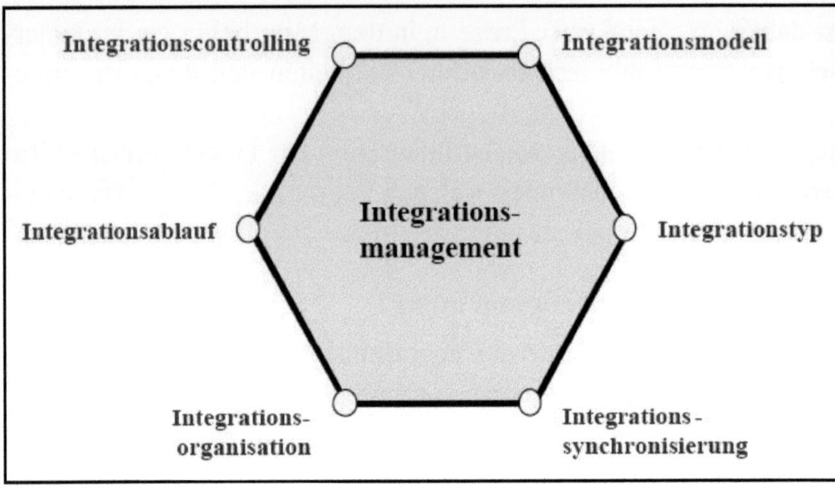

Abbildung 3: *Zentrale konzeptionelle Gestaltungsfelder des Integrationsmanagements*
Quelle: *Müller-Stewens, Eckfeiler eines Integrationsmanagements, in: Thom/Zaugg, Excellence durch Personal- und Organisationskompetenz, 2001, S. 188.*

Diese Gestaltungsfelder lassen sich in den Bereich des Integrationsansatzes und in das eigentliche Integrationsprojekt unterteilen: Anhand der Auswahl des passenden Integrationsmodells, des –typs und durch die Integrationssynchronisierung wird ein individuelles Integrationskonzept ausgewählt, das anhand eingehender Analysen passgenau zu den beteiligten Organisationen entwickelt werden muss. Die Integrationsorganisation, der Integrationsablauf und das Integrationscontrolling dienen der Steuerung und der Kontrolle des Integrationsvorgangs.[167]

[167] Vgl. Müller-Stewens, Eckfeiler eines Integrationsmanagements, in: Thom/Zaugg, Excellence durch Personal- und Organisationskompetenz, 2001, S. 185, S. 189 ff.

5.2.1 Integrationsmodelle

Die Basis bilden hier die Überlegungen, wie die ursprünglichen Organisationen in die neue „Ziel-Organsiation“ zu übertragen sind. Dies gilt insbesondere für die strukturellen, kulturellen und politischen Komponenten.[168] Anhand dieser Überlegungen können verschiedene Integrationsmodelle gewählt werden: u.a. das „Kolonialherrenmodell“, das „Cherrypicking“ oder das Modell „Visionär“.[169] Je nach Wahl des Grundmodells ergeben sich als Folge daraus die konzeptionellen Entscheidungen. Das Kolonialherrenmodell, das heutzutage nicht mehr besonders zeitgemäß und praktikabel erscheint geht, vom Prinzip aus, dass die Käuferorganisation die überlegene ist und deshalb deren Komponenten kategorisch übernommen werden. Jedoch zeigt die große Anzahl von Misserfolgen, die auf dieser Modellauswahl beruhen, dass es zu Recht kaum noch Anwendung findet.[170] Das Modell des „Cherrypicking“, dass derzeit am meisten Verbreitung besitzt, stellt beide ursprüngliche Organisationen gegenüber und wählt für jeden relevanten Aspekt der Integration diejenige Variante, deren Leistungsfähigkeit am höchsten ist.[171] Beim Modell „Visionär“ wird vorab in einem zeitaufwendigen Vorgang ein Szenario entwickelt, wie die neue Organisation aussehen soll. Davon ausgehend wird nun nach dem Vergleich der Komponenten der Organisationen jeweils

---

[168] Vgl. Müller-Stewens, Eckfeiler eines Integrationsmanagements, in: Thom/Zaugg, Excellence durch Personal- und Organisationskompetenz, 2001, S. 185, S. 189.

[169] Vgl. Müller-Stewens, Eckfeiler eines Integrationsmanagements, in: Thom/Zaugg, Excellence durch Personal- und Organisationskompetenz, 2001, S. 185, S. 189.

[170] Vgl. Müller-Stewens, Eckfeiler eines Integrationsmanagements, in: Thom/Zaugg, Excellence durch Personal- und Organisationskompetenz, 2001, S. 185, S. 189 f.

[171] Vgl. Müller-Stewens, Eckfeiler eines Integrationsmanagements, in: Thom/Zaugg, Excellence durch Personal- und Organisationskompetenz, 2001, S. 185, S. 190.

die Variante ausgewählt, die am besten zu diesem Szenario passt.[172] Dabei kann es durchaus zur Auswahl von Komponenten kommen, die im Leistungsvergleich schlechter abschneiden.[173]

5.2.2 Integrationstyp

Im Rahmen der auszuarbeitenden Integrationsstrategie wird nun die Frage gestellt, in welcher Beziehung die beiden Organisationen zueinander stehen sollen. Dabei wird nach dem klassischen Modell von Haspeslagh und Jemison eine Unterscheidung hinsichtlich des angestrebten Grades der organisatorischen Autonomie der akquirierten Einheit und des Ausmaßes der strategischen Interdependenz zwischen Ziel- und Erwerbsgesellschaft getroffen.[174] Aus Kombination der beiden Dimensionen entsteht eine Matrix mit vier möglichen Integrationsansätzen, die in der nachfolgenden Abbildung übersichtlich dargestellt ist (siehe Abbildung 4).

Die strategische Interdependenz spiegelt dabei den Grad des Fähigkeiten-Transfers wieder, welcher zur Erreichung der Akquisitionsziele erforderlich ist.[175]

---

[172] Vgl. Müller-Stewens, Eckfeiler eines Integrationsmanagements, in: Thom/Zaugg, Excellence durch Personal- und Organisationskompetenz, 2001, S. 185, S. 190.

[173] Vgl. Müller-Stewens, Eckfeiler eines Integrationsmanagements, in: Thom/Zaugg, Excellence durch Personal- und Organisationskompetenz, 2001, S. 185, S. 190.

[174] Vgl. Hohnhaus, Erfolg der M&A-Beratung bei Unternehmenstransaktionen, 2004, S. 68.

[175] Vgl. Haspeslagh/Jemison, Akquisitionsmanagement, 1992, S. 131.

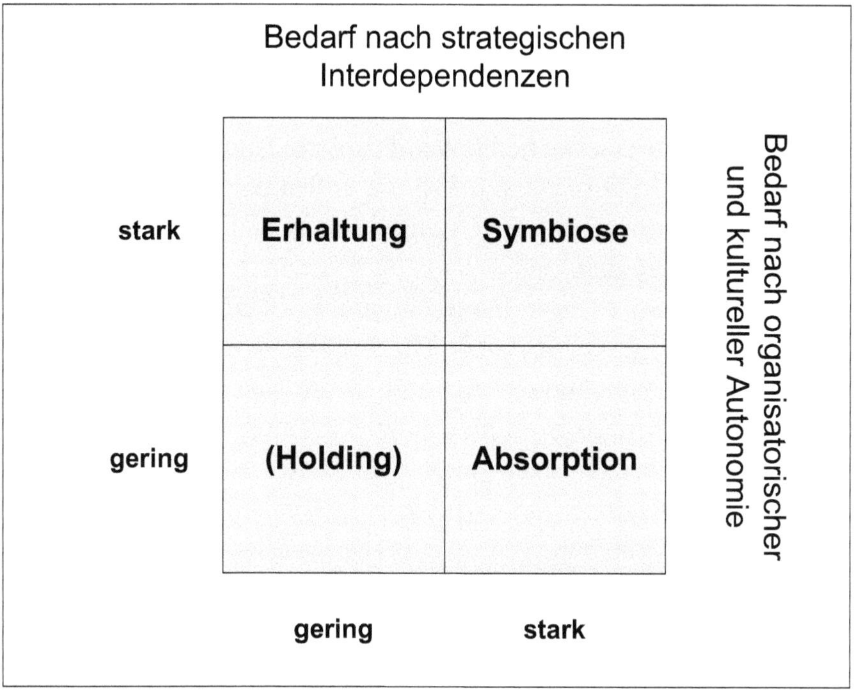

***Abbildung 4:** Integrationstypen nach Haspeslagh/Jemison*
***Quelle:** in Anlehnung an: Hohnhaus, Erfolg der M&A-Beratung bei Unternehmenstransaktionen, 2004, S. 68.*

Praktisch wird der Holding-Ansatz außen vor gelassen, da er bedeutet, dass der Käufer kein Interesse hat, die erworbenen strategischen Ressourcen zu nutzen, was praktisch dem Fall gleichkommt, dass keine Integration im eigentlichen Sinn durchgeführt wird.[176] Demnach resultieren drei Integrationstypen aus der Kriterienauswahl:[177]

[176] Vgl. Hohnhaus, Erfolg der M&A-Beratung bei Unternehmenstransaktionen, 2004, S. 68 f.
[177] Vgl. Hohnhaus, Erfolg der M&A-Beratung bei Unternehmenstransaktionen, 2004, S. 69.

- Absorption: Die Absorption stellt den schwierigsten und langfristigsten Integrationsprozess da. Die Zusammenführung zweier komplexer Organisationen auf allen Ebenen führt zu einem erheblichen Problemlösungsbedarf. Integration betrifft in diesem Fall die vollständige Konsolidierung der Aktivitäten, der Organisationen und der Kulturen der Unternehmen.
- Erhaltung: Diese Integrationsform beinhaltet die Weiterführung des erworbenen Unternehmens in einer organisatorisch unabhängigen Art und Weise. Die Realisierung von Synergieeffekte ist hier nicht vorrangiges Ziel. Die Erhaltungsstrategie kann unter Umständen bewusst am Beginn einer letztlich auf Symbiose ausgerichteten Integrationsstrategie stehen.
- Symbiose: Bei dieser Form wird versucht, die Vorteile der Erhaltungsstrategie mit der Synergiepotenzialausschöpfung zu verbinden, indem eine partielle Integration vorgenommen wird. Funktionsbereiche des akquirierten Unternehmens, die einen deutlichen Bezug zum übernehmenden Unternehmen aufweisen, werden integriert, während bei fehlender Kompatibilität eine Liquidation durchgeführt wird.

5.2.3 Integrationssynchronisierung

Als nächster Schritt werden die Subsysteme der Organisationen auf ihre Integrationsbedeutung hin eingeteilt.[178] Dies basiert auf der Wahl des Integrationsansatzes.

Da im komplexen Vorgang der Integration nicht alle Funktionsbereiche gleichzeitig bearbeitet werden können, müssen Prioritäten

[178] Vgl. Müller-Stewens, Eckfeiler eines Integrationsmanagements, in: Thom/Zaugg, Excellence durch Personal- und Organisationskompetenz, 2001, S. 185, S. 191 f.

gebildet werden.[179] Die Einteilung kann dabei z.B. anhand der Dimensionen, wie erfolgskritisch die Integration des jeweiligen Funktionsbereiches für den gesamten Integrationsprozess ist, wie dringlich dieser Integrationsschritt vorgenommen werden sollte und wie tiefgreifend diese Integration ausfallen wird, ausgeführt werden.[180]

Zur konzeptionellen Umsetzung der Integrationsarbeit in den einzelnen Funktionsbereichen muss auf das dort vorhandene Spezialwissen zurückgegriffen werden.[181]

5.2.4 Integrationsprojekt

Hierunter subsumieren sich die Gestaltungsfelder der Integrationsaufbauorganisation, des Integrationsablaufs und des Integrationscontrollings.

Innerhalb der Integrations(aufbau)organisation wird festgelegt, wie das Integrationsmanagement personell zu besetzen ist und wie man die Verantwortung für das Post Merger Management in einer Organisation verankert.[182] Aufgrund der Komplexität wird hierauf gesondert im nachfolgenden Abschnitt (siehe Abschnitt 5.4) eingegangen.

---

[179] Vgl. Müller-Stewens, Eckfeiler eines Integrationsmanagements, in: Thom/Zaugg, Excellence durch Personal- und Organisationskompetenz, 2001, S. 185, S. 192.

[180] Vgl. Müller-Stewens, Eckfeiler eines Integrationsmanagements, in: Thom/Zaugg, Excellence durch Personal- und Organisationskompetenz, 2001, S. 185, S. 192.

[181] Vgl. Müller-Stewens, Eckfeiler eines Integrationsmanagements, in: Thom/Zaugg, Excellence durch Personal- und Organisationskompetenz, 2001, S. 185, S. 193.

[182] Vgl. Bartoszewksi, Erfolgreiches Integrationsmanagement bei Fusionen und Akquisitionen, 2005, S. 87 ff.

Grundsätzlich ist anzumerken, dass der Einsatz einer eigenständigen Projektorganisation zur Bewältigung der Integration sinnvoll ist.[183]

Der Gesamtprozess des Unternehmenszusammenschlusses ist von unterschiedlicher Dauer, mithin verstreicht aber eine enorme Zeit, bis er abgeschlossen ist. Deshalb ist eine separate Projektablaufplanung für den Integrationsprozess notwendig, in der z.B. anhand einer Meilensteinplanung professionell alle signifikanten Teilschritte zur erfolgreichen Absolvierung der Integration zu planen sind.[184]

Dem Integrationscontrolling wird allgemein eine hohe Bedeutung für den gesamten Mergers and Acquisitionserfolg zugeschrieben.[185] Aufgrund der nur begrenzten Vorausschaubarkeit der Entwicklung eines Integrationsfalles und des Wirkens der eigenen Maßnahmen benötigt ein Integrationsmanagement schnelle Kontrollmöglichkeiten, die ein präzises Feedback über den aktuellen Stand geben.[186] Nur dieses Kontrollorgan ermöglicht es, zeitnah und mit den richtigen Entscheidungen reagieren zu können, um den Integrationserfolg zu gewährleisten. Dabei fällt dem Integrationscontrolling die Aufgabe zu, Ansätze zur Verbesserung des

---

[183] Vgl. Müller-Stewens, Eckfeiler eines Integrationsmanagements, in: Thom/Zaugg, Excellence durch Personal- und Organisationskompetenz, 2001, S. 185, S. 194.
[184] Vgl. Müller-Stewens, Eckfeiler eines Integrationsmanagements, in: Thom/Zaugg, Excellence durch Personal- und Organisationskompetenz, 2001, S. 185, S. 195 f.
[185] Vgl. Wirtz, Mergers & Acqusitions Management, 2003, S. 114.
[186] Vgl. Müller-Stewens, Eckfeiler eines Integrationsmanagements, in: Thom/Zaugg, Excellence durch Personal- und Organisationskompetenz, 2001, S. 185, S. 197.

laufenden Integrationsprozesses – insbesondere bei Planabweichungen – auszuarbeiten.[187]

5.3 Bedeutung der Unternehmenskultur bei Unternehmenszusammenschlüssen

Die Integration der Kulturen der beteiligten Unternehmen nimmt bei den Mergers and Acquisitions eine zentrale Stellung ein.[188]

Zielstellung dieses Abschnitts ist es darzustellen, welche Problemfelder bei Fusionen entstehen können, wenn unterschiedliche Unternehmenskulturen beteiligt sind.
Dies ist auf globaler Ebene oftmals der Fall, aber auch regionale Unterschiede können zu Problemen bei dem Zusammenschluss von Unternehmenskulturen führen (z.B. kurz nach der Wiedervereinigung in Deutschland zwischen den ehemaligen West- und Ostgebieten des Landes).[189] Im Extremfall können unterschiedliche Kulturen sogar zum Scheitern der Fusion führen.[190]
Diese Probleme aufgrund unterschiedlicher Unternehmenskulturen der beteiligten Akteure lassen sich in gewisse Kategorien einteilen, die in den nachfolgenden Abschnitten ansatzweise umrissen werden.
Im Sinne der Zielerreichung ist es unerlässlich für eine Integration der Unternehmenskulturen zu sorgen: „Für die langfristige Leistungsfähigkeit des fusionierten Unternehmens ist es bedeutend, die Rahmenbedingungen für die Entwicklung einer neuen Unternehmenskultur zu schaffen".[191]

---

[187] Vgl. Wirtz, Mergers & Acqusitions Management, 2003, S. 114.
[188] Vgl. Steinbock, zfo Zeitschrift Führung und Organisation 2000, S. 37, S. 40.
[189] Vgl. Wirtz, Mergers & Acqusitions Management, 2003, S. 310.
[190] Vgl. Habeck / Kröger / Träm, Wi(e)der das Fusionsfieber, 2002, S. 101 ff.
[191] Steinbock, zfo Zeitschrift Führung und Organisation 2000, S. 37, S. 40.

5.3.1 Strukturelle Konflikte

Bei strukturellen Konflikten stoßen konkurrierende oder sich widersprechende Systeme aufeinander.[192] Hierunter fallen Konflikte, die zwischen Standorten oder Funktionsbereiche auftreten.[193] Dabei spielen die grundsätzlichen Ausprägungen von Unternehmenskulturen eine ebenso große Rolle, z.B. unterschiedliche Wertvorstellungen, wie auch die Interessen der einzelnen Bereiche.[194]
Problematisch ist hierbei vor allem, dass strukturelle Konflikte in Unternehmen oft personalisiert und auf der zwischenmenschlichen Ebene ausgetragen werden, weshalb eine Konfliktlösung nicht leicht möglich ist.[195] Hierzu kommt hinzu, dass bei strukturellen Konflikten zwischen Standorten und Funktionen Mitarbeiter, die auf der persönlichen Ebene eigentlich miteinander zurechtkämen, aufgrund ihrer Zugehörigkeiten zu konkurrierenden Bereichen, konträre Positionen beziehen.[196]
Diese strukturellen Konfliktpotentiale aufgrund von Fusionen zählen oftmals zu den verdeckten strukturellen Konflikten, da zwar auf Gesamtunternehmensebene durchaus eine kooperative Zusammenarbeit praktiziert wird, jedoch latent „im Hintergrund" in den Strukturen die differierenden Kulturen zu Tage treten.[197]

Strukturelle Konflikte zwischen Standorte und Funktionen lassen sich in Folge Segmente unterteilen:[198]

---

[192] Vgl. Zülsdorf, Strukturelle Konflikte in Unternehmen, 2008, S. 15.
[193] Vgl. Berner, Kulturelle Integration, www.umsetzungsberatung.de/pmi-post-merger-integration/kulturelle-integration.php, 17.12.2010.
[194] Vgl. Berner, Kulturelle Integration, www.umsetzungsberatung.de/pmi-post-merger-integration/kulturelle-integration.php, 17.12.2010.
[195] Vgl. Zülsdorf, Strukturelle Konflikte in Unternehmen, 2008, S. 11.
[196] Vgl. Berner, Kulturelle Integration, www.umsetzungsberatung.de/pmi-post-merger-integration/kulturelle-integration.php, 17.12.2010.
[197] Vgl. Zülsdorf, Strukturelle Konflikte in Unternehmen, 2008, S. 11.
[198] Vgl. Berner, Kulturelle Integration, www.umsetzungsberatung.de/pmi-post-merger-integration/kulturelle-integration.php, 17.12.2010.

- Verteilungskonflikte: Wie werden die Aufgaben, z.B. Produktionen zukünftig zwischen den Bereichen verteilt,
- Zuständigkeitskonflikte: Wie werden die Befugnisse zwischen z.B. Standorten oder Funktionen oder auch zwischen der (neuen) Zentralen und den Niederlassungen aufgeteilt,
- Regelungskonflikte: Hierunter fallen grundsätzliche Entscheidungen über bspw. die Fortführung der Produktherstellungen oder deren Wegfall, veränderte Strukturen in der Zusammenarbeit und Kompetenzen auf vertikaler Unternehmensebene.

5.3.2 Unterschiede in den Kraftverhältnissen der Unternehmenskulturen

Nicht selten stellt – gemäß der Einteilung im Grundlagenteil – das Unternehmen, von dem die Bestrebungen zum Unternehmenszusammenschluss ausgehen, auch die starke bzw. stärkere Unternehmenskultur, die sich oftmals auch in seiner Wettbewerbsposition widerspiegelt.[199] Deshalb wird meist eine Anpassung der zu integrierenden Unternehmung an dessen Unternehmenskultur angestrebt.[200] Aber auch für den Fall, wo zwei etwa „gleichrangige“ Kulturen aufeinander treffen, tritt Konfliktpotential auf.[201]

Um die Art der Herausforderung bei der Integration der Unternehmenskulturen erkennen zu können, ist es somit notwendig, das Kraftverhältnis als ein Einfluss zu analysieren. Als zweite Größe

---

[199] Vgl. Wirtz, Mergers & Acqusitions Management, 2003, S. 310.

[200] Vgl. Berner, Abstoßreaktionen bei Fusionen, www.umsetzungsberatung.de/pmi-post-merger-integration/abstossungsreaktion.php, 17.12.2010.

[201] Vgl. Berner, Abstoßreaktionen bei Fusionen, www.umsetzungsberatung.de/pmi-post-merger-integration/abstossungsreaktion.php, 17.12.2010.

zur Prognose der kulturellen Entwicklung ist die Ähnlichkeit bzw. Unterschiedlichkeit der Unternehmenskulturen zu ermitteln.[202]

Aus den hieraus resultierenden Kombinationen lässt sich eine übersichtliche Matrix bilden (siehe Abbildung 5). Es bilden sich dabei Erschwernisse für die erfolgreiche Integration heraus, die mögliche, vorhandene „Abstoßreaktionen" verstärken können.[203] Diese Abstoßreaktionen gehen paradoxer Weise von den Mitarbeitern des übernehmenden Unternehmens aus, nicht durch mögliche Abwehrreaktionen der Mitarbeiter des übernommenen Unternehmens: Die Angehörigen des übernehmenden Unternehmens sehen sich durch eine drohende Konkurrenz in einer Verlustposition, die sie zum handeln bewegt.[204]

---

[202] Vgl. Berner, Abstoßreaktionen bei Fusionen, www.umsetzungsberatung.de/pmi-post-merger-integration/abstossungsreaktion.php, 17.12.2010.

[203] Vgl. Berner, Abstoßreaktionen bei Fusionen, www.umsetzungsberatung.de/pmi-post-merger-integration/abstossungsreaktion.php, 17.12.2010.

[204] Vgl. Berner, Abstoßreaktionen bei Fusionen, www.umsetzungsberatung.de/pmi-post-merger-integration/abstossungsreaktion.php, 17.12.2010.

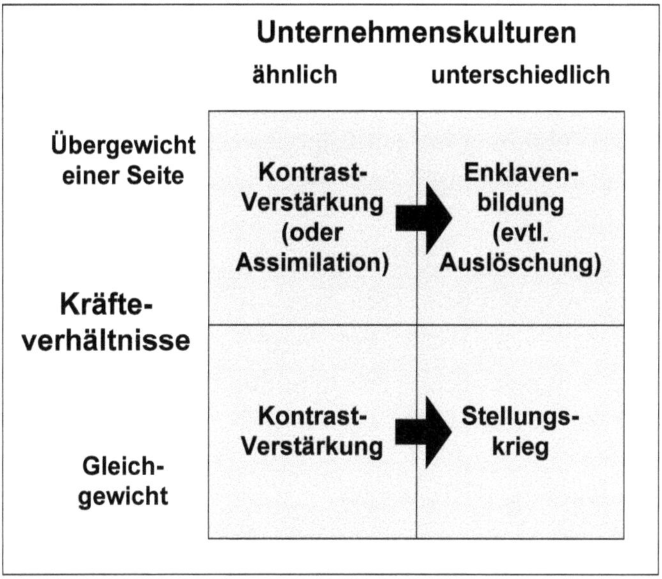

Abbildung 5: *Prognoseraster für das Zusammentreffen unterschiedlicher Kulturen bei Fusionen*
Quelle: *Vgl. Berner, Abstoßreaktionen bei Fusionen, www.umsetzungsberatung.de/pmi-post-merger-integration/abstossungsreaktion.php, 17.12.2010.*

Dadurch kann es zu folgenden Szenarien kommen:[205]

- Kontrastverstärkung: Sind sich die Kulturen sehr ähnlich, kann es grundsätzlich zu einer Kontrastverstärkung kommen, d.h. dass die Mitarbeiter die bestehenden Unterschiede besonders betonen und somit verstärken. Bei stark unterschiedlichen Unternehmenskraftverhältnissen führt die oftmals zur Bildung von so genannten „Enklaven", d.h. die übernommenen Kultur existiert in kleinen Bereichen

[205] Vgl. Berner, Abstoßreaktionen bei Fusionen, www.umsetzungsberatung.de/pmi-post-merger-integration/abstossungsreaktion.php, 17.12.2010.

innerhalb der neuen gesamten Kultur zunächst weiter. Mittelfristig steht die komplette Assimilation an.

- Enklavenbildung: Es kann jedoch auch vorkommen, dass diese Enklavenbildung bei stark unterschiedlichen vorherigen Unternehmenskulturen über einen langen Zeitraum bestehen bleibt.
- Stellungskrieg: Ist keine der beiden Unternehmenskulturen stark genug, sich durchzusetzen, kann dies – nach eventuell vorausgegangener Kontrastverstärkung – dazu führen, dass beide Mitarbeitergruppen versuchen, ihre eigene Kultur auf aggressive Art zu bewahren.

5.3.3 Landeskulturelle Differenzen

Neben den schon vorhandenen verschiedenen Unternehmenskulturen kommen als weiteres Problemfeld (vor allem) bei internationalen Fusionen oftmals die unterschiedlichen Kulturen der Mitarbeiter der Unternehmen aufgrund ihrer Herkunft.[206] Eine Unternehmenskultur wird durch die jeweilige Landeskultur beeinflusst.[207] Wie eingangs angesprochen herrschen darüber hinaus auch im selben Land schon unterschiedliche kulturelle Ausprägungen vor.[208]

Die Landeskultur beinhaltet alle Elemente eines Kulturkreises, die exogen vorgegeben sind.[209] Aufgrund ihrer Komplexität ist eine direkte Beeinflussung nicht möglich; zum Verständnis der jeweiligen Unternehmenskultur sind deshalb ihre Ausprägungen unerlässlich.[210] Demnach ist es wichtig, diese landestypischen Einflüsse

---

[206] Vgl. König, Internationale Megafusionen, 2004, S. 66.
[207] Vgl. Schreyögg, Organisation, 2003, S. 471 f.
[208] Vgl. König, Internationale Megafusionen, 2004, S. 73 f.
[209] Vgl. Rüngeler, Risiken und Chancen interkultureller Unterschiede, 2008, S. 13.
[210] Vgl. Rüngeler, Risiken und Chancen interkultureller Unterschiede, 2008, S. 13.

auf die Unternehmenskultur zu identifizieren, um auch den hierdurch auftretenden Differenzen entgegen wirken zu können. Schwierigkeiten aufgrund unterschiedlicher landestypischer Ausprägungen treten z.B. durch deren Sitten oder Gebräuche auf, die wiederum die Kommunikations- und Verhaltensformen untereinander beeinflussen. Dabei existiert inzwischen mittlerweile auf oberster Führungsebene eine Art „internationaler Management-Standard“, der die Verhaltensweisen untereinander regelt, jedoch sind gerade die angestrebten Zusammenarbeiten und Verschmelzungen auf mittleren und unteren Ebenen stark von den landeskulturellen Differenzen betroffen.[211]

Ein weit verbreitetes Modell zur Analyse des Einflusses der nationalen Kultur auf die Unternehmenskultur ist das der Kulturdimensionen nach *Hofstede*.[212]
Hier werden insgesamt fünf Dimensionen genutzt (ursprünglich vier), um eine Kultur zu bewerten und somit Unterschiede und Gemeinsamkeiten zwischen Ländern, bzw. deren Kulturen feststellen zu können.[213]

Diese fünf Dimensionen sind im Einzelnen:

- Machtdistanz: Diese Dimension gibt an, inwieweit eine ungleiche Verteilung von Macht innerhalb der Gesellschaft oder des Unternehmens akzeptiert wird. Die Machtdistanz hat erhebliche Einflüsse auf die Art des Managements: Kulturen mit geringer Machtdistanz zeichnen sich dadurch aus, dass Entscheidungen delegiert werden und Organisa-

[211] Vgl. Berner, Interkulturelles Management, www.umsetzungsberatung.de/veraenderungsstrategie/intercultural-change.php, 17.12.2010.
[212] Vgl. Schreyögg, Organisation, 2003, S. 471.
[213] Vgl. Rothlauf, Interkulturelles Management, 2009, S. 36 ff.

tionsstrukturen eher flach gehalten sind. Hohe Machtdistanz bedeutet klare hierarchische Strukturen und einen autoritären Führungsstil.[214]

- Individualismus vs. Kollektivismus: Hierunter fällt die Einstufung, wie stark in einer Gesellschaft Eigeninteressen des Individuums oder die Interessen der Gruppe im Vordergrund stehen.[215]
- Maskulinität vs. Feminität: Die Unterscheidung nach Männlich- oder Weiblichkeit einer Kultur liegt der Gedanke zu Grunde, dass jeweils unterschiedliche Verhaltensmuster für Männer und Frauen vorliegen: Eine eher maskuline Orientierung zeichnet sich durch ein Streben nach materiellem Erfolg und starker Leistungsorientierung aus, eine feminine Orientierung durch stärkere Betonung der Lebensqualität und soziale und zwischenmenschliche Beziehungen.[216]
- Unsicherheitsvermeidung: Kulturen mit starker Unsicherheitsvermeidung beinhalten eine geringe Toleranz für abweichende Meinungen: Unsicherheiten sollen durch formelle Regelungen möglichst vermieden werden. Kulturen mit einer schwachen Unsicherheitsvermeidung sind generell risikobereiter und innovationsfreundlicher.[217]
- Langfristige vs. kurzfristige Orientierung: Diese später aufgenommene fünfte Dimension leitet sich im Wesentlichen aus den Lehren des Konfuzianismus ab und versteht sich als Grundorientierung im Leben des Menschen. Auf

---

[214] Vgl. Sabel, Interkulturelle Kompetenz, in Rietz: Internationale und interkulturelle Projekte, 2010, S. 20.

[215] Vgl. Stafflage, Unternehmenskultur als erfolgsentscheidender Faktor, 2005, S. 72 f.

[216] Vgl. Sabel, Interkulturelle Kompetenz, in Rietz: Internationale und interkulturelle Projekte, 2010, S. 20.

[217] Vgl. Rothlauf, Interkulturelles Management, 2009, S. 39.

> Kulturen bezogen kennzeichnet sich eine langfristige Orientierung durch Merkmale wie Fleiß, Ausdauer, Sparsamkeit und die Erfüllung sozialer Pflichten zur Erreichung langfristiger Ziele aus. Kurzfristig orientierte Kulturen zeichnen sich in der Erreichung kurzfristiger Ziele durch eine gewisse Ungeduld und z.B. die Erwartung schneller Gewinne aus.[218]

Als weiterführende Auswertung ergeben sich hieraus so genannte „Kulturregionen", d.h. Länder, die eine große kulturelle Ähnlichkeit zueinander aufweisen. Nach dem Modell von Hofstede entstanden so acht große Kulturregionen: die der germanischen Länder, der nordischen Länder, der anglo-amerikanischen Länder, der des Nahen Ostens, und die Kulturregionen geringer bzw. höher entwickelter romanischen und asiatischen Länder.[219]

Kritisch wird an Hofstede's Modell gesehen, dass die landeskulturelle Einschätzung durchaus durch unternehmenskulturelle Einflüsse verzerrt werden können, insbesondere wenn es sich um besonders „starke" Unternehmenskulturen handelt, die betrachtet werden.[220] Ebenso wird die stark westlich orientierte Untersuchungsgestaltung als problematisch angesehen, die jedoch größtenteils durch Hinzunahme der Dimension mit der Fragestellung nach der zeitlichen Orientierung behoben wurde.[221] Trotz dieser und einiger weiterer Kritikpunkte hat Hofstede's Modell durchaus weiterhin seine Relevanz innerhalb der interkulturellen Management-

---

[218] Vgl. Sabel, Interkulturelle Kompetenz, in Rietz: Internationale und interkulturelle Projekte, 2010, S. 21.

[219] Vgl. König, Internationale Megafusionen, 2004, S. 67 f.

[220] Vgl. Stafflage, Unternehmenskultur als erfolgsentscheidender Faktor, 2005, S. 76.

[221] Vgl. Rothlauf, Interkulturelles Management, 2009, S. 41.

forschung und bieten eine gute Aussagekraft bei dem Themenfeld der internationalen Fusionen.[222]

5.4 Post Merger Integration

Neben der generellen, oben vorgestellten modellhaften Vorgehensweise für das Integrationsmanagement existieren eine Reihe von Faktoren, die speziell in der Post Merger Phase bei Mergers and Acquisitions zum Tragen kommen.[223]

Einen Überblick der relevanten Faktoren lässt sich z.B. anhand des so genannten „7 K-Modells" von Jansen verschaffen. Dieses beinhaltet wesentliche Aspekte des Post Merger Managements.[224] Dabei stehen die weichen Faktoren bei Unternehmenszusammenschlüssen im Mittelpunkt der analytischen Betrachtung. Diese Einflussfaktoren nehmen Einfluss auf die während der Integration entstehenden Kosten und zeigen dadurch ihre Relevanz für den Erfolg von Integrationen.[225]

Nachfolgend ist das 7 K-Modell schematisch dargestellt (siehe Abbildung 6).
Auf einzelne Faktoren wird im weiteren Verlauf detaillierter eingegangen, allgemein lässt sich vorab durch die Abbildung erkennen, dass diese weichen Faktoren untereinander verflochten sind und dadurch in gegenseitiger reziproken Wechselwirkungen stehen. Auch in den Erläuterungen zu diesem Modell wird die Unter-

---

[222] Vgl. König, Internationale Megafusionen, 2004, S. 74.
[223] Vgl. Berner, Integrationskonzept, www.umsetzungsberatung.de/pmi-post-merger-integration/integrationskonzept.php, 17.12.2010.
[224] Vgl. Jansen, Management von Unternehmenszusammenschlüssen, 2004, S. 152 ff.
[225] Vgl. Jansen, Public Merger Management, in: Huber/Jansen/Plamper, Public Merger: Strategien für Fusionen im öffentlichen Sektor, 2004, S. 3, S. 28.

nehmenskultur als ausdrücklich Einfluss nehmend auf die Integrationskosten bedeutend hervorgehoben.[226]

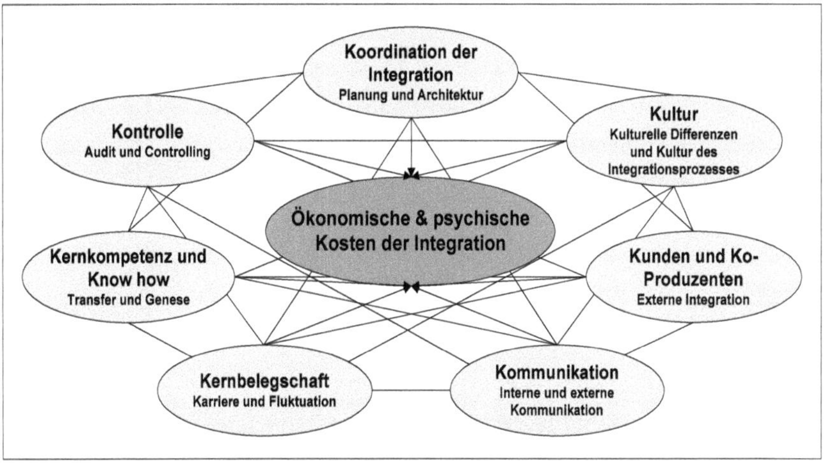

Abbildung 6: *7 K-Modell des Post Merger Managements*
Quelle: *Jansen, Public Merger Management, in: Huber/Jansen/Plamper, Public Merger: Strategien für Fusionen im öffentlichen Sektor, 2004, S. 28.*

Liegt im Rahmen dieser Ausführungen der eindeutige Fokus auf den tatsächlichen Umsetzungsmaßnahmen des Integrationsmanagements während der Post Merger Phase, so sei an dieser Stelle darauf hingewiesen, dass die wissenschaftliche Integrationsforschungen innerhalb der Mergers and Acquisitions zeigen, dass bereits in der Pre Merger Phase entscheidend zum Gelingen des Unternehmenszusammenschlusses beigetragen werden muss (siehe hierzu den folgenden Abschnitt 5.5).[227] Hier werden durch Analysen der beiden Unternehmen bereits Strategien und dazu passende

[226] Vgl. Jansen, Public Merger Management, in: Huber/Jansen/Plamper, Public Merger: Strategien für Fusionen im öffentlichen Sektor, 2004, S. 3, S. 29 f.
[227] Vgl. Baur, M&A-Myopia und Integrationsmanagement, 2004, S. 69.

Maßnahmen herausgebildet, die die spätere Umsetzung durch das Integrationsmanagement während der Post Merger Phase begründen und erleichtern.[228] Können auch viele Maßnahmen erst mit Vollzug der Fusion durch das Integrationsmanagement konkret geplant und umgesetzt werden, so ist es dennoch notwendig, einige Vorbereitungen für die Integration durch konzeptionelle und analytische Vorarbeiten bereits vor dem Unternehmenszusammenschluss zu beginnen.[229]

5.4.1 Relevante Faktoren eines Post Merger Integrationsmanagements

Einige besonders wichtige, da als zentrale Erfolgsfaktoren in der Wissenschaft identifizierte Schwerpunkte des Post Mergers Integrationsmanagements werden im Folgenden angesprochen.

5.4.1.1 Integrationsmanagementprojektteam

Der Integrationsmanager und sein Team spielen eine zentrale Rolle bei der Integration des neuen Unternehmens.[230] Integrationsmanagement bindet eine große Anzahl sowohl an finanziellen, aber auch an zeitlichen Ressourcen der beteiligten Teammitglieder.[231] Im Normalfall wird für die Dauer der Integration aufgrund der Wichtigkeit und Komplexität eine vollumfängliche Projektorganisation eingerichtet, die (temporär) eine Funktion im Unternehmen

---

[228] Vgl. Berner, Abstoßreaktionen bei Fusionen, www.umsetzungsberatung.de/pmi-post-merger-integration/integrationskonzept.php, 17.12.2010.
[229] Vgl. Wirtz, Mergers & Acqusitions Management, 2003, S. 107.
[230] Vgl. Wirtz, Mergers & Acqusitions Management, 2003, S. 278.
[231] Vgl. Jansen, Public Merger Management, in: Huber/Jansen/Plamper, Public Merger: Strategien für Fusionen im öffentlichen Sektor, 2004, S. 3, S. 31.

bildet, wie andere ständige Verrichtungen des Unternehmens sie ebenfalls darstellen.[232]

Dem Integrationsmanager kommt als Leiter des Integrationsprojektes selbstverständlich die wichtigste Stellung zu. Wegen des hohen Risikos einer Integration muss diese Position sorgsam ausgewählt sein, normalerweise übernimmt eine hohe Führungskraft aus dem übernehmenden Unternehmen diese Verantwortung.[233] Ihm kann auch noch zusätzlich ein Projektleiter zur Seite gestellt werden, der ihn operativ unterstützt und das Projektteam anleitet.[234]
Als Fähigkeiten des Integrationsmanagers sind vor allem seine sozialen Kompetenzen gefragt, die er bei den strukturellen Anpassungen und Entwicklungen einsetzen muss, um die gesetzten Ziele der Post Merger Phase zu erreichen.[235]

Zu beachten ist ferner bei der Auswahl der Mitglieder der Projektorganisation, dass in der Integrationsphase andere Qualifikationen benötigt werden als in den vorherigen Phasen.[236] Die Kompetenz dieser beteiligten Akteure stellt schließlich den Wert der Fusion bzw. der Akquisition sicher.

---

[232] Vgl. Hackmann, Organisatorische Gestaltung in der Post Merger Integration, 2010, S. 163 ff.
[233] Vgl. Müller-Stewens, Eckfeiler eines Integrationsmanagements, in: Thom/Zaugg, Excellence durch Personal- und Organisationskompetenz, 2001, S. 185, S. 194.
[234] Vgl. Müller-Stewens, Eckfeiler eines Integrationsmanagements, in: Thom/Zaugg, Excellence durch Personal- und Organisationskompetenz, 2001, S. 185, S. 194.
[235] Vgl. Wirtz, Mergers & Acqusitions Management, 2003, S. 278.
[236] Vgl. Hackmann, Organisatorische Gestaltung in der Post Merger Integration, 2010, S. 165.

An die Zusammensetzung des Integrationsteams werden in der Wissenschaft eine Reihe von Anforderungen erhoben:[237] Zunächst ist darauf zu achten, dass sich das Integrationsteam aus Mitarbeitern beider Unternehmen zusammensetzt, um ein Gemeinsamkeitsgefühl zu erzeugen. Als Folge davon treffen die Integrationsentscheidungen auf eine breitere Akzeptanz im gesamten, zusammengeschlossenen Unternehmen. Dadurch lassen sich notwendige Maßnahmen leichter durchsetzen. Auch sollen aus allen wesentlichen Unternehmensbereichen Mitarbeiter in das Integrationsmanagement eingebunden werden, da hierdurch erforderliches fachliches Know-how genutzt werden kann. Schließlich ist eine weitere Forderung, dass neben Mitarbeitern des Unternehmens auch externe Spezialisten mitarbeiten, die oftmals besondere Fachkenntnisse zur Lösung spezifischer Aufgabenstellungen mitbringen, wie z.B. (inter-)kulturelle Kompetenzen.[238] Externe Berater können auch aufgrund ihrer Unabhängigkeit bei Unstimmigkeiten vermittelnd tätig werden.[239]

5.4.1.2 Kernkompetenzen

Eng verbunden mit diesem Punkt ist der Aspekt der Kernbelegschaft und der Karriere.[240] Ein, wenn nicht sogar das wesentliche Ziel des Integrationsprozesses ist es, eine neue funktionierende Unternehmensstruktur zu bilden und dabei alle relevanten Positionen bestmöglich zu besetzen.[241] Hierfür ist es wichtig, unerwünschte Abwanderungen von Leistungsträgern zu vermeiden

---

[237] Vgl. Wirtz, Mergers & Acqusitions Management, 2003, S. 293.
[238] Vgl. Lucks/Meckl, Internationale Mergers & Acquisitions, 2002, S. 202 ff.
[239] Vgl. Wirtz, Mergers & Acqusitions Management, 2003, S. 293.
[240] Vgl. Jansen, Public Merger Management, in: Huber/Jansen/Plamper, Public Merger: Strategien für Fusionen im öffentlichen Sektor, 2004, S. 3, S. 30 ff.
[241] Vgl. Wirtz, Mergers & Acqusitions Management, 2003, S. 277.

um dem eine Personalentwicklungsstrategie entgegen zu setzen.[242] So ist es u.a. die Aufgabe des Wissensmanagements für einen Wissenstransfer zu sorgen und somit einen Wissensverlust aus Unternehmenssicht zu verhindern.[243]
Die Kernbelegschaft muss folglich den Fusionszielen entsprechend selektiert und motivierend auf die neuen Aufgaben angesetzt werden.[244]

Da demzufolge die personelle Ausgestaltung des neuen Unternehmens eine sehr gewichtige Stellung innerhalb der Integration einnimmt, wird die Notwendigkeit einer vertiefenden Beschäftigung mit den Aspekten des Personalmanagements im Rahmen des Unternehmenszusammenschlusses deutlich: Der Effektivität und Effizienz des Personalmanagements kommt ein entscheidender Einfluss auf den Erfolg zu.[245]

5.4.1.3 Interne und externe Kommunikation

Die Kommunikation, sowohl nach innen als auch nach außen gerichtet, verkörpert ebenfalls einen wichtigen Erfolgsfaktor der Unternehmensintegrationen.[246] Basis dieser kommunikationspolitischen Maßnahmen sind die grundlegenden Ausprägungen des Unternehmens: die Vision, die Mission und die Unternehmensphilosophie als Ganze.[247]

---

[242] Vgl. Jansen, Public Merger Management, in: Huber/Jansen/Plamper, Public Merger: Strategien für Fusionen im öffentlichen Sektor, 2004, S. 3, S. 32 f.
[243] Vgl. Jansen, Public Merger Management, in: Huber/Jansen/Plamper, Public Merger: Strategien für Fusionen im öffentlichen Sektor, 2004, S. 3, S. 32 f.
[244] Vgl. Jansen, Management von Unternehmenszusammenschlüssen, 2004, S. 424.
[245] Vgl. Wirtz, Mergers & Acqusitions Management, 2003, S. 321.
[246] Vgl. Jansen, Public Merger Management, in: Huber/Jansen/Plamper, Public Merger: Strategien für Fusionen im öffentlichen Sektor, 2004, S. 3, S. 30.
[247] Vgl. Wirtz, Mergers & Acqusitions Management, 2003, S. 317.

Diese Zielvorstellungen gilt es im Rahmen der internen und externen Kommunikation, die gleichrangig zu behandeln sind, da es häufig zu Überschneidungen kommt, den Beteiligten zu vermitteln.[248] Bei dieser gezielten Informationsweitergabe werden konkrete Kommunikationsstrategien entwickelt, die versuchen, mögliche Risiken abzuschwächen und zu vermeiden und dadurch erfolgversprechende Richtlinien in der Kommunikationspolitik vorzugeben.[249]

Aufgabe der Kommunikation ist dabei eine differenzierte Ansprache aller Zielgruppen, die der Unternehmenszusammenschluss tangiert, da für die erfolgreiche Umsetzung der Strategie des neuen Unternehmens die Loyalität aller erfolgskritischen Stakeholder von besonderer Bedeutung ist.[250]
Ziel ist hierbei, durch eine umfassende, schnelle und einheitliche Kommunikation Transparenz in Bezug auf die getroffenen Entscheidungen zu schaffen, um etwaigen Vertrauensverlusten entgegen zu wirken.[251]
Zudem wird gefordert, dass es sich um eine aktive Kommunikation handelt; besonders wichtig ist dies im Zusammenhang mit der Mitarbeiterbindung: Offene und frühzeitige Kommunikation an die Belegschaft über Ziele der Fusion und über die Stellenbesetzung haben einen großen Bindungseffekt und schaffen Vertrauen.[252] Dabei bildet die direkte Kommunikation das beste Instrument zur Informationsweitergabe.

---

[248] Vgl. Vogel, M&A, 2002, S. 191.
[249] Vgl. Vogel, M&A, 2002, S. 192.
[250] Vgl. Lünendonk/Strang, Mergers & Acquisitions/Post Merger Integration, 2010, S. 35.
[251] Vgl. Naujoks/Matouschek, Post-Merger-Integration, in: Balz/Arlinghaus, Praxisbuch Mergers & Acquisitions, 2007, S. 287, S. 308 ff.
[252] Vgl. Naujoks/Matouschek, Post-Merger-Integration, in: Balz/Arlinghaus, Praxisbuch Mergers & Acquisitions, 2007, S. 287, S. 309.

Als Folge davon können Veränderungswiderstände bei den Mitarbeitern leichter reduziert werden.[253]
Ein weiterer Vorteil der aktiven Kommunikationspolitik liegt in der augenscheinlichen Steuerungsmaßnahme: Das Integrationsmanagement bestimmt zielgerichtet, welche Informationen zu bestimmten Zwecken an die Anspruchsgruppen übermittelt werden und kann so strategischer in den Zielerreichungen handeln.

Neben den klassischen Kommunikationsformen kommt auch die symbolische Kommunikation insbesondere in Betracht: z.B. Auszeichnungen von Mitarbeitern oder Ausgestaltungen von Veranstaltungen.[254] Weiterhin existiert die non verbale Kommunikation, z.B. durch die Gestaltung von Unternehmenssymbolen.[255]

5.4.1.4 Kulturelle Integration

In der kulturellen Integration liegt – wie bereits mehrfach angesprochen – einer der Aufgabenschwerpunkte des Integrationsmanagements.

Um aus den beiden Unternehmenskulturen eine einzige entstehen zu lassen, ist es nun zunächst notwendig, die beschriebenen Probleme wie Abstoßungsreaktionen, Enklavenbildungen und Machtkämpfe zu vermeiden bzw. aufzulösen und eine Zusammenarbeit zu fördern.[256]

Dazu existieren grundsätzlich vier Vorgehensweisen, um die konträren Positionen in ein gemeinsames Handeln zu ändern, ein so

[253] Vgl. Lucks/Meckl, Internationale Mergers & Acquisitions, 2002, S. 202.
[254] Vgl. Wirtz, Mergers & Acqusitions Management, 2003, S. 318.
[255] Vgl. Wirtz, Mergers & Acqusitions Management, 2003, S. 318.
[256] Vgl. Berner, Kulturelle Integration, www.umsetzungsberatung.de/pmi-post-merger-integration/kulturelle-integration.php, 17.12.2010.

genanntes übergreifendes „Wir-Gefühl“ entstehen zu lassen: Gemeinsame Gegner schaffen, gemeinsame Not erzeugen, gemeinsamen Vorteil aufzeigen und gemeinsame Freude erfahren sind die abstrakten Kategorien aus der wissenschaftlichen Forschung.[257]
Allen vier Mechanismen ist gleich, dass ein für alle Beteiligten wichtiger Grund existiert, der zu einer übergeordneten Kooperation führt. Liegt diese Kooperation im eigenen Interesse jeden Beteiligten, so wird sie auch tatsächlich angestrebt.[258]
Konkret auf die Mitarbeiter eines Unternehmens bezogen, werden als Argumente zur Solidarisierung z.B. die Wettbewerbsfähigkeit, die Sicherung der Arbeitsplätze oder der generelle „Kampf ums Überleben“ als Gründe genutzt.[259]
Anzumerken ist hierbei, dass der Faktor „Wettbewerbsfähigkeit“ eher ungeeignet ist, da zu abstrakt und wenig greifbar, während die Sicherung der Arbeitsplätze und das Fortbestehen des Unternehmens auch eher von kurzfristiger Motivationsdauer sind, da es negativ formulierte Ziele sind.[260]
Die beste Vorgehensweise zur Kulturenzusammenführung ist die Schaffung einer gemeinsamen, alle Mitarbeiter äußerst fordernden Aufgabe unmittelbar nach der Fusion, die eine Herausforderung darstellt.[261] Diese Aufgabe muss inhaltlich derart gestaltet sein, dass die hohe Zielvorgabe nur zu erreichen ist, indem eine komplette Neustrukturierung der Prozesse erforderlich ist, die zu einer

[257] Vgl. Berner, Kulturelle Integration, www.umsetzungsberatung.de/pmi-post-merger-integration/kulturelle-integration.php, 17.12.2010.
[258] Vgl. Berner, Kulturelle Integration, www.umsetzungsberatung.de/pmi-post-merger-integration/kulturelle-integration.php, 17.12.2010.
[259] Vgl. Berner, Kulturelle Integration, www.umsetzungsberatung.de/pmi-post-merger-integration/kulturelle-integration.php, 17.12.2010.
[260] Vgl. Berner, Kulturelle Integration, www.umsetzungsberatung.de/pmi-post-merger-integration/kulturelle-integration.php, 17.12.2010.
[261] Vgl. Berner, Kulturelle Integration, www.umsetzungsberatung.de/pmi-post-merger-integration/kulturelle-integration.php, 17.12.2010.

Verschmelzung der beiden „alten“ Unternehmen führt.[262] Weiterhin müssen die Führungskräfte beider ehemaliger Unternehmen persönlich dafür verantwortlich sein, damit sie sich vollständig engagieren.[263]
Hierdurch wird eine lohnende Zusammenarbeit angestrebt, die auch beide Kulturen miteinander verbinden lässt.

Darüber hinaus ist es für eine erfolgreiche kulturelle Integration notwendig, dass zur Vermeidung von Schwierigkeiten aufgrund von Unterschieden zwischen den beiden ehemaligen Unternehmenskulturen ein geeignetes Integrationsmodell angewandt wird.
Es existieren dabei mehrere Modellansätze für die Arten der Zusammenführung – insbesondere hilfreiche Ansatzpunkte, welche Art der Zusammenführung bei welchen Voraussetzungen sinnvoll ist – dennoch muss eine individuelle Strategie für den konkreten Fall erarbeitet werden.[264] So ist kein voll umfängliches und für alle Fälle anwendbares Integrationsmodell für die Post Merger Phase gegeben.

Es ist hinzuzufügen, dass eine grundsätzliche Kompatibilität der beiden Kulturen vorliegen muss, ein so genannter „Cultural Fit“, der bereits in der Pre Merger Phase überprüft werden muss (siehe weiter unten unter Abschnitt 5.5).[265]

In welcher Form die kulturelle Entwicklung zwischen den fusionierenden Unternehmenskulturen in der Integrationsphase ge-

---

[262] Vgl. Berner, Kulturelle Integration, www.umsetzungsberatung.de/pmi-post-merger-integration/kulturelle-integration.php, 17.12.2010.
[263] Vgl. Berner, Kulturelle Integration, www.umsetzungsberatung.de/pmi-post-merger-integration/kulturelle-integration.php, 17.12.2010.
[264] Vgl. Stafflage, Unternehmenskultur als erfolgsentscheidender Faktor, 2005, S. 162 ff.
[265] Vgl. Müller, Die Identifikation kultureller Erfolgsfaktoren, 2007, S. 128.

schieht, kann z.B. durch das so genannte „Akkulturationsmodell" nach Nahavandi / Malekzadeh erklärt werden.[266]
Akkulturation stammt ursprünglich aus der Anthropologie und beschreibt einen Prozess der gegenseitigen Beeinflussung von früher unabhängigen Partnern und die daraus resultierende kulturelle Anpassung der Unternehmenskulturen nach dem Zusammenschluss.[267] Der kulturelle Integrationsprozess kann dabei in unterschiedliche Richtungen verlaufen, sowohl vom akquirierenden zum akquirierten als auch umgekehrt oder auch in beide Richtungen parallel.[268] Als Ergebnis der Betrachtungen stehen vier mögliche Akkulturationsmodelle, die die Auswirkungen der Beeinflussungen der beiden Unternehmenskulturen anhand bestimmter Faktoren aufzeigen.[269]

Diese sind übersichtlich in der nachfolgenden Tabelle beschrieben:

Integration:
• Ziel: Aufrechterhaltung der eigenen unternehmenskulturellen Identität, Unabhängigkeit • kein dominierender Einfluss des "akquirierenden Unternehmens" • teilweise strukturelle Integration, aber unter Beibehaltung der kulturellen und verhaltensorientierten Identität • übernommenes Unternehmen muss Bereitschaft haben, sich strukturell in das starke Unternehmen einzugliedern • Starke Unternehmen muss willens sein, kulturelle Unabhängigkeit zuzulassen • idealtypischer Verlauf einer Akkulturation bei ähnlichen Unternehmenskulturen

[266] Vgl. Kolesky, Management kultureller Integrationsprozesse, 2006, S. 192.
[267] Vgl. Stafflage, Unternehmenskultur als erfolgsentscheidender Faktor, 2005, S. 191 f.
[268] Vgl. Stafflage, Unternehmenskultur als erfolgsentscheidender Faktor, 2005, S. 192.
[269] Vgl. Kolesky, Management kultureller Integrationsprozesse, 2006, S. 192.

Assimilation: • Ziel: Das akquirierte bzw. schwächere Unternehmen übernimmt die Kultur des akquirierenden Unternehmens, passt sich diesem vollständig an und übernimmt dessen Strukturen, Prozesse, Systeme sowie Werte und Normen • das akquirierte Unternehmen hört als kulturelle Einheit auf zu existieren • diese Akkulturationsform wird gefördert, falls das akquirierte Unternehmen seine eigene Kultur als ineffizient beurteilt
Separation: • Ziel: Wahrung der eigenen Unternehmenskultur durch Beibehaltung der Eigenständigkeit und Unabhängigkeit • Widerstand der Unternehmensmitglieder gegen jegliche Form der Aufnahme, Anpassung und Schlichtung • eine Trennung von der Kultur des akquirierenden bzw. starken Unternehmen wird angestrebt -> Autonomie der Unternehmen • Kulturdualismus
Dekulturation: • Ziel: Ablehnung der eigenen wie auch der Kultur des stärkeren Unternehmens • Ausweglosigkeit, da Verlust der eigenen kulturellen Identität sowie strikte Ablehnung der Eingliederung in das akquirierende Unternehmen • Folgen sind individuelle wie auch kollektive Konfusion, Identitätsverlust durch Entfremdung

Tabelle 3: *Die Akkulturationsformen nach Nahavandi / Malekzadeh*
Quelle: *Vgl. Stafflage, Unternehmenskultur als erfolgsentscheidender Faktor, 2005, S. 194.*

Förderlich für eine erfolgreiche kulturelle Integration ist auch hier eine intensive und offene Kommunikation.[270] Diese hilft durch die

[270] Vgl. Lucks/Meckl, Internationale Mergers & Acquisitions, 2002, S. 202.

Weitergabe der notwendigen Informationen ebenfalls, Unsicherheiten bei den Mitarbeitern zu verringern, Orientierung und Verlässlichkeit zu bewirken und somit auch Spekulationen bezüglich der vorgesehenen Integrationspläne zu vermeiden.[271]

5.4.1.5 Kontrolle

Tools des weichen Faktors Kontrolle sind u.a. Post Merger Audits (Erfolgskontrollen) und das Projektcontrolling.[272]

Dem Projekt- bzw. präziser dem Integrationscontrolling wird dabei allgemein eine hohe Bedeutung zugeschrieben.[273] Dabei steht die fortlaufende Kontrolle des Integrationsprozesses im Vordergrund, aber auch die Ausarbeitung von Ansätzen zur Verbesserung des Integrationsprozesses – insbesondere bei festgestellten Planabweichungen – ist zentrale Aufgabe des Integrationscontrollings.[274] Weiterhin ist das Integrationscontrolling zu nutzen, um die bisherigen Integrationsmaßnahmen auf ihren Erfolgsbeitrag zum Integrationsprozess zu überprüfen.[275]

Die Erfolgskontrolle überprüft, inwieweit der Zusammenschluss als Ganzes als erfolgreich angesehen werden kann.[276] Hierzu werden verschiedene Methoden und Ansätze herangezogen, die sich in Erfolgskonzepte, Erfolgsdimensionen, Zeitpunkt und –raum sowie

[271] Vgl. Berner, Integrationskonzept, www.umsetzungsberatung.de/pmi-post-merger-integration/integrationskonzept.php, 17.12.2010.
[272] Vgl. Wirtz, Mergers & Acqusitions Management, 2003, S. 114.
[273] Vgl. Wirtz, Mergers & Acqusitions Management, 2003, S. 114.
[274] Vgl. Müller-Stewens, Eckfeiler eines Integrationsmanagements, in: Thom/Zaugg, Excellence durch Personal- und Organisationskompetenz, 2001, S. 185, S. 197.
[275] Vgl. Wirtz, Mergers & Acqusitions Management, 2003, S. 114.
[276] Vgl. Jansen, Public Merger Management, in: Huber/Jansen/Plamper, Public Merger: Strategien für Fusionen im öffentlichen Sektor, 2004, S. 3, S. 33.

weitere Maßstäbe unterscheiden lassen.[277] Diese genutzten Methoden führen sich zu einem umfassenden M&A-Controlling zusammen, das sich in einem aussagefähigen Kennzahlensystem bündeln soll.
Als ein Beispiel ist hier die „Integration Scorecard“ zu nennen, die, als spezielle Form einer Balanced Scorecard, die Entwicklung einer Integration aus verschiedenen Perspektiven beobachtet.[278]

Daran anschließen lässt sich ein Risikomanagement, das die speziellen Risiken der Integration, wie z.B. die Fluktuation von Mitarbeitern, berücksichtigt.[279]

5.4.1.6 Change Management

„Ein Integrationsprojekt ist ein besonders anspruchsvolles Change Management Projekt.“[280]
Allgemein beinhaltet Change Management alle Maßnahmen zur Veränderung einer Organisation.[281]
Die Besonderheit bei Integrationsprojekten aus Sicht des Change Managements besteht nun darin, dass der organisatorische Wandel von vornherein Bestandteil und ständiger Begleiter des Projekts ist. So treten die Maßnahmen des Change Managements sofort in den Vordergrund, um den Integrationsprozess einzuleiten und über

---

[277] Vgl. Wirtz, Mergers & Acqusitions Management, 2003, S. 114.
[278] Vgl. Müller-Stewens, Eckfeiler eines Integrationsmanagements, in: Thom/Zaugg, Excellence durch Personal- und Organisationskompetenz, 2001, S. 185, S. 197.
[279] Vgl. Müller-Stewens, Eckfeiler eines Integrationsmanagements, in: Thom/Zaugg, Excellence durch Personal- und Organisationskompetenz, 2001, S. 185, S. 198.
[280] Müller-Stewens, Eckfeiler eines Integrationsmanagements, in: Thom/Zaugg, Excellence durch Personal- und Organisationskompetenz, 2001, S. 185, S. 198.
[281] Vgl. Palupski, Über Führung, 2004, S. 263.

die Dauer zu begleiten.[282] Die zu bewirkenden Veränderungen sind sehr tiefgreifend und ausgeprägt. Diese Tatsache gepaart mit der hohen Veränderungsgeschwindigkeit der Post Merger Integration resultieren in hohen qualitativen Anforderungen an das Change Management in einer Integration.[283]

Ein mit dem Change Management verbundener Schlüsselfaktor ist wiederum die Kommunikation. Aufgrund der wesentlichen Veränderungsprozesse in den Strukturen der Organisation ist ein erhöhter Bedarf an Kommunikation gegeben. Im Umkehrschluss kann ein Mangel an notwendigen Kommunikationsmaßnahmen zum Aufbau von Hürden führen, die den Ablauf der Veränderungsprozesse be- oder verhindern.[284]

5.4.2 Beurteilung der Post Merger Integrationskonzepte

Die wichtige Basis eines erfolgreichen Unternehmenszusammenschlusses bildet das Vorhandensein eines klaren Integrationskonzeptes. Dieses sollte in einer Phase, in der die Mitglieder des neu entstandenen Unternehmen ohnehin eine komplexe Umstrukturierung zu bewältigen haben, deutlich Prioritäten für die ersten Wochen nach der Fusion vorgeben, auf die es sich zu konzentrieren gilt.[285]

Welche Lösungsansätze bzw. welche Strategien zur Zusammenführung der Unternehmen genutzt werden, ergibt sich als Konklusion der ermittelten relevanten Faktoren und der gewünschten Zielstellung und muss mit den Rahmenbedingungen, die analysiert

---

[282] Vgl. Berner, Integrationskonzept, www.umsetzungsberatung.de/pmi-post-merger-integration/integrationskonzept.php, 17.12.2010.
[283] Vgl. Studt, Nachhaltigkeit in der Post Merger Integration, 2008, S. 91.
[284] Vgl. Studt, Nachhaltigkeit in der Post Merger Integration, 2008, S. 118 ff.
[285] Vgl. Berner, Integrationskonzept, www.umsetzungsberatung.de/pmi-post-merger-integration/integrationskonzept.php, 17.12.2010.

wurden abgeglichen werden. Es existieren mehrere Modellansätze für die Arten der Zusammenführung, insbesondere hilfreiche Ansatzpunkte, welche Art der Zusammenführung bei welchen Voraussetzungen sinnvoll sind, jedoch muss eine individuelle Strategie für den konkreten Fall erarbeitet werden.[286] Dies wird durch das vorgestellte Grundgerüst eines Integrationsmodells und die Vielzahl relevanter Faktoren deutlich.
Daraus ergibt sich ein offenes Konzept, das auf Veränderungen im Verlauf des Unternehmenszusammenschlusses reagieren können muss: So kann z.B. auch eine bestimmte Art der Integration durch diese Planungsschritte, die eventuell anfangs gewünscht war, gänzlich ausscheiden, weil sie fast zwangsläufig zum Scheitern verurteilt wäre.[287]

Für den Bereich der Kulturenintegration ist festzuhalten, dass trotz der hohen Bedeutung der Unternehmenskultur für das Funktionieren des Unternehmens zunächst die strukturellen Entscheidungen, wie z.B. die Aufbauorganisation und Stellenbesetzungen, zu treffen sind. Diese helfen in der Folgezeit, den Mitarbeitern Orientierung und zu Halt zu geben (die Unsicherheit wird reduziert) und es werden Tatsachenbedingungen geschaffen und vorgegeben.[288]

Der zweite große Bereich beinhaltet die Aufgabe der intensiven und offenen Kommunikation.[289] Diese hilft durch die Weitergabe der notwendigen Informationen ebenfalls, Unsicherheiten bei den

---

[286] Vgl. Stafflage, Unternehmenskultur als erfolgsentscheidender Faktor, 2005, S. 162 ff.
[287] Vgl. Baur, M&A-Myopia und Integrationsmanagement, 2004, S. 69.
[288] Vgl. Berner, Integrationskonzept, www.umsetzungsberatung.de/pmi-post-merger-integration/integrationskonzept.php, 17.12.2010.
[289] Vgl. Lucks/Meckl, Internationale Mergers & Acquisitions, 2002, S. 202.

Mitarbeitern zu verringern, Orientierung und Verlässlichkeit zu bewirken und somit auch Spekulationen zu vermeiden.[290]
Der dritte Faktor betrifft die Schaffung der oben bereits angesprochenen gemeinsamen Herausforderungen als Integrationsaufgabe. Diese sollte unmittelbar zeitlich anschließen, wenn die wichtigsten strukturellen Aktionsfelder bearbeitet wurden.[291]
Der bekannte grobe betriebswirtschaftliche Rahmen bestehend aus Planung, Durchführung und Kontrolle findet auch in der phasenorientierten Gestaltung der Post Merger Integration Anwendung, dennoch lassen sich Schwerpunkte eruieren, die als relevante Erfolgsfaktoren identifiziert sind. Eine explizite Merger-Strategie unter Einbeziehung von mittel- und langfristig wirkenden wertschöpfenden Maßnahmen sowie eine fundierte Evaluierung der angestrebten Ergebnisse sind dabei grunderforderlich für den gesamten Integrationsprozess.[292]

Wichtig ist in dem Gesamtvorgang der Mergers and Acquisitions zu berücksichtigen, dass das Integrationsmanagement nicht isoliert erst in der Post Merger Phase einsetzen darf, sondern dass Analysen und Strategien bereits in der ersten Phase vor der Transaktion stattfinden müssen, die die zu wählenden Maßnahmen des Integrationsmanagements bereits im Vorfeld bestimmen.
Daraus lässt sich das Konzept eines frühzeitigen und proaktiven Integrationsmanagement entwickeln.[293] Dieses legt fest, dass – entgegen dem klassischen Post Merger Management – Integrationsverantwortliche von Anfang an in den M&A-Prozess eingebunden werden. So können von den Mitgliedern des Integrations-

[290] Vgl. Berner, Integrationskonzept, www.umsetzungsberatung.de/pmi-post-merger-integration/integrationskonzept.php, 17.12.2010.
[291] Vgl. Berner, Integrationskonzept, www.umsetzungsberatung.de/pmi-post-merger-integration/integrationskonzept.php, 17.12.2010.
[292] Vgl. Studt, Nachhaltigkeit in der Post Merger Integration, 2008, S. 19.
[293] Vgl. Baur, M&A-Myopia und Integrationsmanagement, 2004, S. 69.

teams bereits in der Pre Merger Phase Grundsatzentscheidungen getroffen werden. Ein wesentlicher Unterschied ist zudem, dass das Projektteam so schon mit Beginn des M&A-Prozesses in einen gegenseitigen, kommunikativen Austausch mit den anderen an der Fusion beteiligten Akteuren treten kann, um auch mit seinem integrationsspezifischen Fachwissen frühzeitig die Erfolgsaussichten der Mergers and Acquisitions steigern zu können.[294] Diese Überlegung wird im folgenden Abschnitt fortgeführt.

5.5 Lösungsansatz der Pre Merger Integration

Grundlegend starten – wie zuvor erläutert – konkrete Integrationsmaßnahmen erst in der Post Merger Phase, jedoch müssen Vorbereitungen für die Integration durch konzeptionelle und analytische Vorarbeiten bereits vor dem Zusammenschluss beginnen.[295]

Somit sind die Vorüberlegungen zur Integration Bestandteil der strategischen Analyse- und Konzeptionsphase.[296]

Dies trifft insbesondere auf das Integrationsfeld der Unternehmenskulturen zu.[297]
Man kann in diesem Zusammenhang von einer „Culture Due Diligence“ sprechen, die durchgeführt werden sollte.[298] „Die Cultural Due Diligence lässt sich als bewusste, systematische und sorgfältige Untersuchung der Unternehmenskulturen beider Parteien im

---

294 Vgl. Baur, M&A-Myopia und Integrationsmanagement, 2004, S. 69.
295 Vgl. Berner, Abstoßreaktionen bei Fusionen, www.umsetzungsberatung.de/pmi-post-merger-integration/integrationskonzept.php, 17.12.2010.
296 Vgl. Wirtz, Mergers & Acqusitions Management, 2003, S. 107.
297 Vgl. Wirtz, Mergers & Acqusitions Management, 2003, S. 107.
298 Vgl. Müller, Die Identifikation kultureller Erfolgsfaktoren, 2007, S. 127 f.

Hinblick auf ihre Kompatibilität fassen."[299] Im Rahmen dieser Kulturdiagnose werden die beiden Unternehmenskulturen verglichen, um den so genannten „Cultural Fit" der Kulturprofile herauszuarbeiten.[300] Hierbei werden die Kompatibilität bzw. die Unterschiede festgestellt, indem anhand z.B. von Indikatoren der Grad der Abweichungen bzw. der Übereinstimmung beider Unternehmen bestimmt wird. Indikatoren der Unternehmenskultur können dabei u.a. sein: die Bedeutung von Hierarchien und Statussymbolen, der Managementstil, Karriereverläufe, Offenheit im Umgang der Mitarbeiter miteinander, Handlungs- und Entscheidungsspielräume, Fehlertoleranz, gegenseitiges Vertrauen, Lernverhalten, Kundenorientierung, Wettbewerbsfähigkeit und gesellschaftliches Engagement.[301] Als Kernbereiche ergeben sich dadurch der Geschäftszweck, der praktizierte Arbeits- und Kommunikationsstil, Erfolgsmaßstäbe, Entscheidungsstrukturen und kognitive Strukturen.[302]

Daran anknüpfend erkennt man, dass die landeskulturellen Einflüsse auf die jeweilige Unternehmenskultur in dieser Phase ebenfalls zu analysieren sind, um ein umfassendes Bewertungsergebnis erhalten zu können.

Einbindung in die auszugestaltende Strategie im Rahmen der Pre Merger Phase erfährt die kulturelle Integration, indem eine Vorausplanung für die spätere Durchführung erfolgt, in der als Vorausüberlegungen folgende Planungspunkte der „Pre Merger Integration" einzubeziehen sind:[303]

---

[299] Wirtz, Mergers & Acqusitions Management, 2003, S. 193.
[300] Vgl. Müller, Die Identifikation kultureller Erfolgsfaktoren, 2007, S. 128.
[301] Vgl. Müller, Die Identifikation kultureller Erfolgsfaktoren, 2007, S. 128.
[302] Vgl. Müller, Die Identifikation kultureller Erfolgsfaktoren, 2007, S. 128.
[303] Vgl. Berner, Integrationskonzept, www.umsetzungsberatung.de/pmi-post-merger-integration/integrationskonzept.php, 17.12.2010.

- Integrationstiefe: Diese Vorausüberlegungen betreffen den bislang wenig angesprochenen Aspekt, dass nicht zwangsläufig beide Unternehmenskulturen immer komplett zu einer neuen aufgehen müssen, sondern je nach Struktur des neuen Konzerns auch nur Teilintegrationen stattfinden können statt einer Herbeiführung der vollständigen Verschmelzung,
- Strukturelle Prioritäten: Hierbei ist zu klären, welche Funktionen mit oberster Priorität zusammengeführt werden müssen, damit das neue Unternehmen handlungsfähig ist,
- Synergiefelder: Es ist zu analysieren, wo die wesentlichen Synergieeffekte liegen, die es zu nutzen gilt,
- Fusionsstrategie: Die Klärung, welche Fusionsstrategie gewählt wird, z.B. „Merger of Equals" oder eher eine Eingliederung, bildet die Basis der Überlegung, in welcher Art und Weise die beiden Unternehmenskulturen zu einer neuen zu formen sind,
- Externe Berater: Es bietet sich eventuell an, externes Know-how zu integrieren, sofern nur wenig Erfahrung besteht, oder z.B. die Situation vorliegt, dass eine komplett andere Unternehmenskultur in dem zu übernehmenden Unternehmen vorliegt (siehe hierzu auch Punkt 5.6),
- Zeitliche Schwerpunktsetzung: Klärung, auf welche Aufgaben sich zuerst konzentriert werden muss,
- Integrationsteams: Schon in dieser Phase ist es ratsam zu klären, welche Integrationsteams gebildet werden müssen und ob die notwendigen Kompetenzen im Unternehmen vorhanden sind,
- Steuerung des Integrationsprozesses: Dieser Bereich beschäftigt sich mit der Fragestellung, wie der gesamte Integrationsprozess gesteuert werden soll, z.B. über einen Lenkungsausschuss,

- Neue Organisationsstruktur: Klärung der Frage, wie die neue Organisation insgesamt strukturiert werden soll, um weitere Planungsschritte auf den tieferen Ebenen zu ermöglichen,
- Kommunikationsmaßnahmen: Überlegungen, in welcher Form, welchem Umfang und vor allem, zu welchem Zeitpunkt die Kommunikation der Fusion an die Mitarbeiter etc. erfolgen soll,
- Kriterien der Stellenbesetzungen: Auch hier existiert wiederum die Möglichkeit, externe Unterstützung zu nutzen, um die Verfahren und Kriterien für die Stellen in den Überschneidungsbereichen festzulegen,
- Grad der Mitbestimmung der Mitarbeiter: Zu klären ist, wer z.B. die Verhandlungen mit dem Betriebsrat führt und welche Strategie dabei angewandt werden soll (kostengünstige Einigung vs. schnellstmögliche Einigung),
- Soziale Verantwortung im Rahmen des Personalabbaus: Im Vordergrund stehen hier die kommunikationspolitischen Maßnahmen über die Information des Personalabbaus,
- Marktsynergien: Strategien sind zu überlegen, wie durch die Fusion Wettbewerbsvorteile am Markt erzielt und Wachstumspotential generiert werden kann.

Diese Vorausüberlegungen tragen dazu anschaulich dazu bei, Problemstellungen durch die interkulturelle Integration aufzudecken und zu vermeiden zu helfen.

5.6 Interkulturelle Kompetenz als wichtigster Integrationsfaktor

Als gesonderter Punkt sei noch die Wichtigkeit des Vorhandenseins von interkultureller Kompetenz herausgestellt.

Ein entscheidender Erfolgsfaktor in der Integration von Unternehmenskulturen ist es, aus Sicht des übernehmenden Unternehmens, mit der anderen Unternehmenskultur „richtig umgehen zu können". Hierzu kann das betriebswirtschaftliche Gebiet der interkulturellen Kompetenz als Ausgangslage genutzt und erweitert werden, um zu erläutern, dass das Fachwissen und die Qualifikationen des interkulturellen Managements im Unternehmen für den Fusionsfall vorliegen müssen, um die Erfolgsaussichten zu begünstigen.[304] Der ursprüngliche Gedanke besagte zunächst, dass in der wissenschaftlichen Betrachtung allgemein mit interkultureller Kompetenz Fähigkeiten bezeichnet werden, mit Angehörigen anderer Kulturen effektiv und angemessen zu interagieren.[305]
Dabei geht man von dem Fall aus, dass ein Entsandter des Unternehmens in einer fremden Kulturregion seine Fähigkeiten anwendet, um einerseits die Ziele der eigenen Firma, aber andererseits auch die Ziele des Partners zu achten und die soziokulturellen Regeln und Normen zu befolgen.[306]
Bezogen auf den Fusionsfall bedeutet dies, dass eine flexible, multikulturell geprägte und innovationsaffine Unternehmenskultur die notwendige interkulturelle Kompetenz der Mitarbeiter positiv beeinflussen kann, was sich wiederum positiv auf den Fusionserfolg auswirken kann.[307] Dabei kann noch nach qualitativ in weiche und quantitativ in harte Erfolgskriterien unterschieden werden: Weiche Erfolgskriterien beinhalten die Effektivität hinsichtlich des Erreichens eines langfristigen Fusionserfolgs und die Angemessenheit im Umgang mit dem Fusionspartner, harte Erfolgsfaktoren betreffen u.a. die Minderung von Fusionskosten durch gesteigerte Effek-

[304] Vgl. König, Internationale Megafusionen, 2004, S. 89.
[305] Vgl. Müller/Gelbrich, zfbf – Zeitschrift für betriebswirtschaftliche Forschung, 2001, S. 246, S. 247.
[306] Vgl. Müller/Gelbrich, zfbf – Zeitschrift für betriebswirtschaftliche Forschung, 2001, S. 246, S. 247.
[307] Vgl. König, Internationale Megafusionen, 2004, S. 89.

tivität (z.B. durch die Vermeidung von Konflikten) und das Halten von wichtigen Mitarbeitern, die nicht abwandern, da sie in der fremdem Kultur keine Bedrohung sehen.[308]

Weiterführend bedeutet dies auch, dass es zum einen notwendig ist, diese interkulturelle Kompetenz von außen hinzu zuziehen für den Fall, dass sie im Unternehmen zum Zeitpunkt der Fusion für dieses Situation nicht oder nicht ausreichend vorhanden ist, und bei der Wahl der internen Integrationsteams darauf zu achten, dass diese fallbezogenen interkulturelle Kompetenz im richtigen Umfang vertreten ist.

---

[308] Vgl. König, Internationale Megafusionen, 2004, S. 89.

6 Wichtige rechtliche Aspekte bei Unternehmensintegrationen

Neben den anderen vorgestellten Themengebieten spielen auch rechtliche Aspekte bei Unternehmenszusammenschlüssen eine wichtige Rolle und somit auch bei den vorzunehmenden Maßnahmen bezüglich der Unternehmensintegrationen.
Diese ist insbesondere der Fall, da es sich bei den zu betrachtenden Unternehmenszusammenschlüssen um vorwiegend länderübergreifende Problemstellungen handelt.

Nachfolgend werden die relevanten rechtlichen Bereiche die Unternehmen betreffend aufgegriffen. Dazu ist es auch hier notwendig, einige Grundlagen zu erläutern, bevor auf die einzelnen rechtlichen Segmente eingegangen wird.

6.1 Grundlagen zu den Rechtsgebieten bei Unternehmensintegrationen

Um die einzelnen Rechtsbereiche, die Relevanz für Unternehmen besitzen, umfassen zu können, muss zunächst geklärt werden, welches Recht bzw. welche Rechtsnormen und –vorschriften Vorgaben für Unternehmen vornehmen.
Dabei spricht man allgemein vom so genannten „Unternehmensrecht“, wobei dieser Begriff – wie auch in vielen wirtschaftswissenschaftlichen Bereichen – wiederum nicht trennscharf und eindeutig zu formulieren ist.[309]
Dies ist zum einen wiederum der historischen Entwicklung geschuldet, zum anderen existiert nicht nur „die eine Rechtsvorschrift“ bzw. „das eine Gesetz“, dass alle das Unternehmen betreffenden Normen umfassend enthält.[310]

[309] Vgl. Metten, Corporate Governance, 2009, S. 76 f.
[310] Vgl. Rieder/Huemer, Gesellschaftsrecht, 2009, S. 27.

Traditionell regelt das Gesellschaftsrecht die rechtlichen Belange von Unternehmen.[311] Es regelt die Beziehungen der Gesellschafter untereinander und zu der Gesellschaft.[312] Das Gesellschaftsrecht lässt sich allgemein wiederum unterteilen in die rechtlichen Vorschriften für Personengesellschaften und Körperschaften (wobei hier hauptsächlich die Kapitalgesellschaften zu berücksichtigen sind); somit sind z.B. in Deutschland zuständige Gesetzestexte, die zum Gesellschaftsrecht gezählt werden u.a. das Bürgerliche Gesetzbuch (BGB) und das Handelsgesetzbuch (HGB) mit Gesetzen die Personengesellschaften betreffend oder aber auch das Aktiengesetz (AktG), das für bestimmte Kapitalgesellschaften zuständig ist.[313]

Jedoch wird in Folge der Entwicklungen mittlerweile ein Gesellschaftsrecht zunehmend als nicht mehr ausreichend und kennzeichnend genug empfunden, weshalb man vermehrt von einem „Unternehmensrecht" ausgeht, das sich darin versteht, den ursprünglichen Gedanken des Gesellschaftsinteresses zu einem Unternehmensinteresse fortzuentwickeln.[314] Dies liegt darin begründet, dass der Fokus mittlerweile auf den Unternehmen liegt und es nicht mehr auf die Gesellschafter als Betrachtungsgegenstand ankommt.[315]

Demnach kann man heutzutage davon ausgehen, dass das ursprüngliche Gesellschaftsrecht als Teil des weiter umfassenden Unternehmensrechts zu verstehen ist, das quasi eine übergeordnete

---

311 Vgl. Großfeld, Internationales und europäisches Unternehmensrecht, 1995, S. 1.

312 Vgl. Großfeld, Internationales und europäisches Unternehmensrecht, 1995, S. 1.

313 Vgl. Preusser, Gesellschaftsrecht, 2008, S. 13 ff.

314 Vgl. Metten, Corporate Governance, 2009, S. 76.

315 Vgl. Großfeld, Internationales und europäisches Unternehmensrecht, 1995, S. 1.

Stellung einnimmt. Unter dem Begriff des Unternehmensrechts kann somit die „...Summe aller Rechtsnormen, die sich auf den sozialen Wirklichkeitsausschnitt ‚Unternehmen' beziehen..."[316] verstanden werden. Das Unternehmensrecht fungiert dabei als „Inbegriff der Rechtsnormen die das Unternehmen betreffen", wobei Gesellschaftsrecht und Unternehmensrecht in gegenseitiger Wechselbeziehung zueinander stehen.[317]

Wichtig für die weiteren Ausführungen ist nun die logische Folgerung, dass das Unternehmensrecht auf verschiedenen Ebenen unterschiedlich ausfällt. Dabei ist der Betrachtungsraum der grenzüberschreitenden staatlichen Rechtsgebiete angesprochen, bzw. die Berücksichtigung von staatlichen Interessenszusammenschlüssen, wie sie z.B. die Europäische Union darstellt.
Grundsätzlich stellen die einzelnen Staaten die rechtliche Regelungsmacht dar, jedoch schon bei grenzüberschreitenden wirtschaftlichen Sachverhalten reichen einzelne nationale Regelungen nicht mehr aus, um diese zu bewältigen.[318]
Somit tritt an diese Stelle das internationale Unternehmensrecht, bzw. im engeren Sinne das internationale Gesellschaftsrecht.[319]
Das internationale Unternehmensrecht ist Teil des Internationalen Privat- und Wirtschaftsrechts und regelt die länderübergreifenden Sachverhalte, die von den Staaten in gemeinsamen Abkommen bzw. Verträgen beschlossen sind.[320] Es beschäftigt sich somit mit der Frage, welche Rechtsordnung auf eine Gesellschaft anzuwen-

---

316 Vgl. Wiedemann, Gesellschaftsrecht: Grundlagen Band I,1980, S. 400.
317 Vgl. Metten, Corporate Governance, 2009, S. 77.
318 Vgl. Ahrens, Europäisches und internationales Wirtschaftsprivatrecht, 2008, S. 2.
319 Vgl. Großfeld, Internationales und europäisches Unternehmensrecht, 1995, S. 2.
320 Vgl. Großfeld, Internationales und europäisches Unternehmensrecht, 1995, S. 2 ff.

den ist, bzw. ob für den Sachverhalt neue Regelungen zu treffen sind.[321]
Als ein Spezialfall kann dabei das „Europäische Unternehmensrecht" angesehen werden, das zudem das nationale Recht der beteiligten Staaten „überlagert", indem diese Regelungen vorrangig gelten.[322]

Dabei umfasst Europäisches Unternehmensrecht als Regelungsgegenstand im Wesentlichen die folgen Aufgaben:[323]

- die inhaltliche Harmonisierung und Koordinierung des nationalen Rechts der Gesellschaften,
- die gegenseitige Anerkennung der beteiligten Staaten von diesen betroffenen Gesellschaften,
- die Herstellung der rechtlichen Möglichkeit für diese Gesellschaften über die staatlichen Grenzen hinweg Niederlassungen zu errichten, Tochtergesellschaften zu gründen, zu fusionieren und ihren Sitz zu verlegen,
- darüber hinaus die Schaffung von supranationalen Gesellschaftsformen,
- Arbeitnehmerbelange und Mitbestimmung,
- Sicherung des Wettbewerbs,
- Bereiche der Kreditinstitute und anderer Finanzinstitute,
- Börsen und Börsenzulassungen,
- Besteuerung von Unternehmen, vor allem in grenzüberschreitenden Sachverhalten.

Anzumerken ist zum Europäischen Unternehmensrecht dabei, dass es nicht nur auf unmittelbar geltenden Normen auf supranationaler

[321] Vgl. Rieder/Huemer, Gesellschaftsrecht, 2009, S. 65.
[322] Vgl. Großfeld, Internationales und europäisches Unternehmensrecht, 1995, S. 8.
[323] Vgl. Lutter, Europäisches Unternehmensrecht, 1996, S. 4.

Ebene beruht, sondern vor allem auf der Beeinflussung der nationalen Unternehmensrecht, die in diesem Sinne gestaltet werden sollen.[324] Dies geschieht z.B. durch die rechtsverbindlichen Instrumente der „Richtlinien“, die die Mitgliedsstaaten verpflichten, ihr nationales Recht dem Richtlinieninhalt anzupassen.[325] „Verordnungen“ schaffen hingegen unmittelbar anwendbares Recht mit Wirkung für das gesamte Gebiet auf der Gemeinschaftsebene.[326]

Diese Ausführungen sollen nur in ihrer Knappheit einleitend verdeutlichen, dass Unternehmen, die international tätig sind, sich auch an den übergeordneten Gesetzen orientieren, bzw. die Gesetze der Länder, in denen sie „präsent“ sein möchten, bei ihren Aktivitäten berücksichtigen müssen.
Aufgrund der vorliegenden Thematik wird bei den weiteren Ausführungen deshalb immer die internationale Sichtweise zu Grunde gelegt.

6.2 Unternehmensrelevante wirtschaftsrechtliche Aspekte

Nachfolgend werden nun auf die einzelne wirtschaftrechtliche Teilgebiete eingegangen, die für (insbesondere supranationale bzw. in anderen Ländern agierende) Unternehmen von Bedeutung sind.

6.2.1 Vertragsrecht

Transnationale Unternehmensformen jeglicher Art sind wirtschaftlich bedeutende Gesellschaftskonstrukte, deren zu Stande kommen meist auf komplexen Vereinbarungen beruhen. Wie z.B. internationale Zusammenschlüsse zu regeln sind, oder wie die generelle

[324] Vgl. Lutter, Europäisches Unternehmensrecht, 1996, S. 4 f.
[325] Vgl. Rieder/Huemer, Gesellschaftsrecht, 2009, S. 58.
[326] Vgl. Rieder/Huemer, Gesellschaftsrecht, 2009, S. 58.

Zusammenarbeit zweier Gesellschaften in unterschiedlichen Ländern erfolgen kann, ist grundlegende Angelegenheit des internationalen Wirtschaftsprivatrechts mit seinem beinhaltenden Recht der Schuldverträge.[327]

Problematisch ist hierbei die Vielzahl von Rechtsgrundlagen auf den einzelnen Ebenen im globalen Wirtschaftsraum.[328] Neben den nationalen Gesetzen, internationalen und z.B. europäischen Regelungen müssen zudem noch nichthoheitliche Regeln und Gebräuche beachtet werden.[329]

Fehlt es an einer rechtsvereinheitlichenden internationalen Regelung, ist zu klären, welches Recht auf einen grenzüberschreitenden Sachverhalt anzuwenden ist.[330] Das internationale Privatrecht als vorgeschaltetes Recht, beinhaltet zunächst nur, dass jeder Staat sein Recht grundsätzlich frei regeln kann. Demgegenüber existieren aber rechtsvereinheitlichende Schuldvertragsübereinkommen, so z.B. auch auf EU-Ebene, die als internationale Abkommen diese wirtschaftsrechtlichen Sachverhalte regeln, indem sich die beteiligten Staaten verpflichten bzw. verpflichtet haben, ihr internationales Privatrecht für Schuldverträge anzugleichen.[331] Statt eines Abkommens kann auch im internationalen Wirtschaftsverkehr eine rechtsvorgebende Verordnung geschaffen werden, die damit das geltende Gesetz darstellt.[332]

---

[327] Vgl. Ahrens, Europäisches und internationales Wirtschaftsprivatrecht, 2008, S. 22.

[328] Vgl. Ahrens, Europäisches und internationales Wirtschaftsprivatrecht, 2008, S. 22.

[329] Vgl. Ahrens, Europäisches und internationales Wirtschaftsprivatrecht, 2008, S. 16 f.

[330] Vgl. Ahrens, Europäisches und internationales Wirtschaftsprivatrecht, 2008, S. 23.

[331] Vgl. Ahrens, Europäisches und internationales Wirtschaftsprivatrecht, 2008, S. 24.

[332] Vgl. Ahrens, Europäisches und internationales Wirtschaftsprivatrecht, 2008, S. 24.

Zu dieser eher allgemeinen Gesetzesgrundlage kommen noch weitere, ergänzende Gesetze, Vorschriften, Richtlinien, die Spezialfälle, wie z.B. Fusionen regeln.[333]
Zu beachten ist dabei, dass es mitunter für ausländische Unternehmen dadurch nicht einfach möglich ist, in dem gewünschten Land aktiv zu werden, da viele nationale Beschränkungen existieren. Dadurch können oftmals angestrebte Markterschließungen behindert werden, indem z.B. bestimmte Formen von Unternehmensgründungen, –beteiligungen oder –zusammenschlüsse in den Zielländern teilweise oder gar nicht erlaubt sind.[334]

6.2.2 Investitionsrecht

Ein weiteres relevantes Themengebiet stellt das der internationalen Investitionsregelungen dar.

Möglichkeiten von Unternehmen, in anderen Ländern – vor allem in wirtschaftlich aufstrebenden Ländern – Investitionen tätigen zu können, ist Gegenstand der Investitionsgesetzgebung im Rahmen der Investitionspolitik des jeweiligen Staates.[335]

Dabei ist diese Investitionsmöglichkeit Voraussetzung für viele Unternehmen, um wirtschaftlich aktiv werden zu können.
Neben den aufgrund der globalen Entwicklungen vielen relativ offenen Wirtschaftsräumen, bei denen grundsätzlich Investitionsfreiheit besteht, die auch gewünscht ist, um Wettbewerb zu schaffen und Kapital zu akquirieren, existieren auch viele – eher nationale –

---

[333] Vgl. Großfeld, Internationales und europäisches Unternehmensrecht, 1995, S. 91 ff.
[334] Vgl. Großfeld, Internationales und europäisches Unternehmensrecht, 1995, S. 91 ff.
[335] Vgl. Staudenmeyer: Das Wirtschafts- und Vertragsrecht transnationaler Gemeinschaftsunternehmen in Entwicklungsländern, 1990, S. 35 ff.

Märkte, bei denen die Hoheitsträger die Investitionsmöglichkeiten von „Außenstehenden“ reglementieren.[336]

Hierbei kommen zwei gegenläufige Interessen des Staates zum tragen: Zum einen haben viele Länder ein Interesse daran, ausländische Investitionen zur Entwicklung und Steigerung der nationalen Wirtschaft zu begünstigen, zum anderen wollen die Staaten nicht die Kontrolle in den Wirtschaftsbereichen an die ausländischen Investoren abgeben, um ihr eigenen wirtschaftspolitischen Ziele nicht zu gefährden.[337]

Deshalb wird vor allem in vielen Entwicklungsländern versucht, die nationale Wirtschaft durch staatliche Maßnahmen vor einer so genannten „Überfremdung“ zu schützen, indem eine dominante Stellung ausländischer Investoren in einem Unternehmen, einer Branche oder einem Wirtschaftssektor verhindert wird.[338]
Die Steuerung erfolgt dabei meist durch eine zentrale Investitionsbehörde, die die nationalen Investitionsgesetze und –richtlinien umsetzt und deren Einhaltung überwacht.[339]

Die Genehmigung von Investitionsvorhaben wird somit in den Investitionsgesetzen geregelt; die Erteilung der Genehmigung ist zumeist mit besonderen Pflichten verbunden bzw. von der Erfüllung bestimmter Voraussetzungen abhängig. So muss z.B. oftmals

---

[336] Vgl. Großfeld, Internationales und europäisches Unternehmensrecht, 1995, S. 319 ff.
[337] Vgl. Staudenmeyer: Das Wirtschafts- und Vertragsrecht transnationaler Gemeinschaftsunternehmen in Entwicklungsländern, 1990, S. 35.
[338] Vgl. Staudenmeyer: Das Wirtschafts- und Vertragsrecht transnationaler Gemeinschaftsunternehmen in Entwicklungsländern, 1990, S. 35 f.
[339] Vgl. Staudenmeyer: Das Wirtschafts- und Vertragsrecht transnationaler Gemeinschaftsunternehmen in Entwicklungsländern, 1990, S. 37.

die Gründung der Gesellschaft nach dem Recht des Anlagelandes erfolgen.[340]

Vorherrschend ist dabei das Instrumentarium der Investitionsbeschränkung in dem angesprochenen Ländertypus. Dies drückt sich darin aus, dass teilweise Investitionsverbote für bestimmte Wirtschaftsbereiche bestehen, oder aber ausländische Investitionen nur als Gemeinschaftsunternehmen zugelassen werden.[341]

6.2.3 Instanzliche Eingriffsmöglichkeiten

Überschneidend mit den Ausführungen des vorangegangenen Abschnitts sind die Regelungen, die von übergeordneter Seite existieren, in wirtschaftliche Abläufe einzugreifen.

Dabei werden als so genanntes „Eingriffsrechts“ alle Normen verstanden, die zuerst staatlichen oder gesellschaftlichen Interessen dienen und international gültig sind.[342]

Zunächst muss hier der Fall angesprochen werden, dass der Staat in die vorgenommenen Investitionen oder gegründeten Unternehmen in der Form eingreift, dass es zu Enteignungen kommt. Staatliche Enteignungen sind gesetzlich geregelt und werden bei „normalen politischen Systemen“ nur sehr eingeschränkt, bzw. in äußersten Fällen vorgenommen.[343] Stichwort ist hier der Vorrang des Allgemeinwohls: So sind im deutschen Recht z.B. Eingriffe in das Eigentum oder eigentumsähnliche Rechte generell nur zulässig, wenn sie zum öffentlichen Wohl, gegen eine Entschädigungszah-

---

[340] Vgl. Staudenmeyer: Das Wirtschafts- und Vertragsrecht transnationaler Gemeinschaftsunternehmen in Entwicklungsländern, 1990, S. 40.

[341] Vgl. Staudenmeyer: Das Wirtschafts- und Vertragsrecht transnationaler Gemeinschaftsunternehmen in Entwicklungsländern, 1990, S. 41.

[342] Vgl. Großfeld, Internationales und europäisches Unternehmensrecht, 1995, S. 173.

[343] Vgl. Großfeld, Internationales und europäisches Unternehmensrecht, 1995, S. 291 ff.

lung und nach einem besonderen, gesetzlich geregelten Verfahren erfolgen.[344]

Demgegenüber nehmen jedoch einige Staaten das Recht in Anspruch, auch in anderen Fällen Enteignungen vornehmen zu können.[345] Diese aus Sicht der privaten Unternehmen als Risiko einzustufende Lage kann im „worst case" zum Totalverlust des vorgenommenen Investments und zur Beendigung der wirtschaftlichen Ambitionen in dem Land führen.

Demzufolge besteht insbesondere bei ausländischen Investitionen ein Rechtsschutzbedürfnis, dessen Vorhandensein zu prüfen ist, bevor etwaige risikoreiche Entscheidungen getroffen werden.[346]

Um jedoch Investitionsanreize zu setzen, bzw. Investitionsvorhaben in die einheimische Wirtschaft nicht zu verhindern, existieren auch in den meisten Entwicklungsländern mittlerweile rechtsverbindliche gesetzliche Vorschriften, die das Eigentum von In- und Ausländern gleichermaßen schützen.[347] So ist zumindest eine Entschädigungszahlung vorgesehen, wobei deren faktische Durchsetzung in der Praxis oftmals nicht einfach ist, da deren Modalitäten (wie z.B. Berechnung, Zahlungsart und –zeitpunkt) in vielen Fällen nur allgemein geregelt sind.[348] Diese zwar vorhandene formale Rechtssicherheit, bei der jedoch die Auslegung und Umsetzung große Ungewissheit birgt, kann vor allem in einigen asiatischen

---

[344] Vgl. Staudenmeyer: Das Wirtschafts- und Vertragsrecht transnationaler Gemeinschaftsunternehmen in Entwicklungsländern, 1990, S. 41.

[345] Vgl. Großfeld, Internationales und europäisches Unternehmensrecht, 1995, S. 291 ff.

[346] Vgl. Guang, Rechtsfragen der Gründung und des Betriebs von Joint Ventures in der Volksrepublik China, 1998, S. 69 ff.

[347] Vgl. Staudenmeyer: Das Wirtschafts- und Vertragsrecht transnationaler Gemeinschaftsunternehmen in Entwicklungsländern, 1990, S. 41.

[348] Vgl. Staudenmeyer: Das Wirtschafts- und Vertragsrecht transnationaler Gemeinschaftsunternehmen in Entwicklungsländern, 1990, S. 41.

Ländern stark beobachtet werden, da hier z.T. andere Wertesysteme als in der westlichen Welt existieren.[349]

Die von ausländischen Investoren geforderten Garantie- und Schutzvorschriften gehen über dieses grundsätzliche Verständnis auf Eigentumserhalt noch hinaus: Auch die erzielten Gewinne müssen frei verfügbar und der daran anknüpfende Kapitaltransfer gewährleistet sein.[350]

Weitere rechtliche Eingriffsmöglichkeiten bzw. grundsätzliche Regelungen, die das Wirken des Unternehmens im Destinationsmarkt einschränken können, sind z.B. Vorschriften durch das Wettbewerbsrecht oder auch das Kartellrecht.
Da das internationale Wettbewerbsrecht weitgehend ungeregelt ist und hier das so genannte „Marktortprinzip“ anerkannt ist, werden die Rechtsordnungen herangezogen, auf deren Märkte die Interessen aufeinander treffen.[351] Während für einige Wirtschaftsräume, so auch für die Europäische Union, einige übergeordnete Regelungen existieren, bedeutet dies grundsätzlich wiederum, das relativ eigenständige nationale Märkte ihre eigenen Rechtsvorschriften erlassen und anwenden.[352] So werden auch Wettbewerbsbeschränkungen vorgenommen, um die inländischen Marktteilnehmer zu schützen [353]

---

[349] Vgl. Maierhofer, Erfolgsfaktoren und Schwierigkeiten bei der Errichtung eines Produktionsstandortes in der VR China, 2007, S. 15.
[350] Vgl. Staudenmeyer: Das Wirtschafts- und Vertragsrecht transnationaler Gemeinschaftsunternehmen in Entwicklungsländern, 1990, S. 74.
[351] Vgl. Ahrens, Europäisches und internationales Wirtschaftsprivatrecht, 2008, S. 170.
[352] Vgl. Ahrens, Europäisches und internationales Wirtschaftsprivatrecht, 2008, S. 170 ff.
[353] Vgl. Großfeld, Internationales und europäisches Unternehmensrecht, 1995, S. 200 ff.

Ein Indikator für ausländische Unternehmen ist hier das grundlegende wirtschaftliche System, das wiederum durch das politische System beeinflusst wird und wiedergibt, wie hoch die Einflussnahme durch den Staat generell zu erwarten ist.[354]

6.3 Steuerrechtliche Aspekte

Steuerrechtliche Rahmenbedingungen stellen aus Unternehmenssicht Chancen und Risiken gleichermaßen dar, da sich die im Investitionsland vorherrschenden Steuersysteme zum Teil erheblich von dem bisherigen unterscheiden können.[355]
Auch existieren mitunter für die in Frage kommenden Gesellschaftsformalternativen erhebliche Unterschiede in den Abgaben. Dies ist besonders bei der Wahl der Zusammensetzung der Gesellschafter des zu gründenden Gemeinschaftsunternehmens der Fall, bzw. für welche Kooperationsform oder für welchen Unternehmenszusammenschluss sich entschieden wird.[356]

Grundsätzlich ist zunächst anzumerken, dass auch für diesen rechtlichen Bereich bei grenzübergreifenden Sachverhalten wiederum das internationale Recht – hier das Internationale Steuerrecht – zuständig ist.[357] Damit eingeschlossen sind somit sowohl Normen des nationalen Rechts als auch die zwischenstaatlichen Vereinbarungen.[358] Mit Hilfe der Vereinbarungen werden die verschiedenen nationalen Besteuerungsansprüche abgegrenzt. Somit gehören zum internationalen Steuerrecht im engeren Sinne das Recht der Dop-

[354] Vgl. Ruppel, Deutsche Unternehmen in China: Chancen und Risiken, 2007, S. 36.
[355] Vgl. Staudenmeyer: Das Wirtschafts- und Vertragsrecht transnationaler Gemeinschaftsunternehmen in Entwicklungsländern, 1990, S. 60.
[356] Vgl. Guang, Rechtsfragen der Gründung und des Betriebs von Joint Ventures in der Volksrepublik China, 1998, S. 147 ff.
[357] Vgl. Djanani/Brähler, Internationales Steuerrecht, 2006, S. 1.
[358] Vgl. Djanani/Brähler, Internationales Steuerrecht, 2006, S. 1.

pelbesteuerungsabkommen und Teile des Völkerrechts. Im weiteren Sinne zählt noch das nationale Außensteuerrecht hinzu.[359]

Ohne zu tief in das internationale Steuerrecht einzudringen, sei an dieser Stelle erwähnt, dass die Hauptaufgabe darin liegt festzustellen, wo die Abgaben zu entrichten sind, indem z.B. bei juristischen Personen – wie sie z.B. Kapitalgesellschaften darstellen – u.a. geklärt wird, wo sich der Sitz des Unternehmens befindet.[360]
Einen wichtigen Sachverhalt bei grenzüberschreitenden Unternehmenstätigkeiten stellt nun die Tatsache dar, dass hierbei das Unternehmen regelmäßig das Steuerrecht mehrerer Staaten tangiert.[361] Somit kommt es zu einer „Doppelbesteuerung".
Dabei können im Wesentlichen die beiden Formen der juristischen Doppelbesteuerung und der wirtschaftlichen Doppelbesteuerung unterschieden werden:

Zu einer Doppelbesteuerung im juristischen Sinne kommt es, wenn derselbe Steuerpflichtige von zwei oder mehreren Steuerhoheiten für denselben Steuertatbestand, z.B. für dieselben Einkünfte oder dieselben Vermögenswerte, im selben Zeitraum gleiche oder vergleichbare Steuern zahlen muss. Bei der Doppelbesteuerung im wirtschaftlichen Sinne handelt es sich darum, dass im gleichen Berechnungszeitraum dasselbe Steuergut (z.B. Gewinn) bei verschiedenen Steuerpflichtigen (z.B. Mutterkonzern in einem Land und Tochtergesellschaft in einem anderen Land) zu einer vergleichbaren Besteuerung herangezogen wird.[362]

[359] Vgl. Djanani/Brähler, Internationales Steuerrecht, 2006, S. 1 f.
[360] Vgl. Djanani/Brähler, Internationales Steuerrecht, 2006, S. 11.
[361] Vgl. Djanani/Brähler, Internationales Steuerrecht, 2006, S. 15.
[362] Vgl. Djanani/Brähler, Internationales Steuerrecht, 2006, S. 15 f.

Zur Vermeidung internationaler Doppelbesteuerungen und dadurch zur Beseitigung der aufgeführten Benachteiligungen international agierender Personen und Unternehmen bilden Doppelbesteuerungsabkommen zwischen den Staaten den dominierender Zentralbereich des internationalen Steuerrechts, um die vorhandene Problematik zu beseitigen.[363]
Hierdurch wird vor allem die so genannte „echte internationale Doppelbesteuerung", die gleichbedeutend mit der juristischen Doppelbesteuerung ist, beseitigt, während die wirtschaftliche Doppelbesteuerung oft noch nicht berührt wird.[364] Weitgehende Anwendung findet an dieser Stelle vereinheitlichend das Musterabkommen der OECD, das weit über die Grenzen der OECD hinaus als Grundlage für die Verhandlung zwischenstaatlicher Doppelbesteuerungsabkommen dient.[365]

Abgesehen von dieser grundlegenden steuerlichen Problematik auf internationaler Ebene liegt der Fokus bei den Untersuchungen dieser Arbeit mehr auf der Analyse und der Beurteilung von den am Anfang dieses Abschnitts angesprochenen Chancen und Risiken, die sich mit den internationalen Investments ergeben.
So fußen strategische Entscheidungen der internationalen Unternehmensausrichtung u.a. auf den analytischen Erkenntnissen, welche steuerlichen Rahmenbedingungen vorliegen. Günstige Steuertarife im Bereich der Körperschaftssteuer oder auch zeitliche Steuervergünstigungen können die Wahl des Ziellandes und die zu gründende Unternehmensform entscheidend beeinflussen.[366] Somit spielt die insgesamt vorherrschende steuerliche Behandlung des

[363] Vgl. Loukota, Internationales Steuerrecht: Einführung, 2002, S. 13.
[364] Vgl. Loukota, Internationales Steuerrecht: Einführung, 2002, S. 14 f.
[365] Vgl. Loukota, Internationales Steuerrecht: Einführung, 2002, S. 14 f.
[366] Vgl. Ruppel, Deutsche Unternehmen in China: Chancen und Risiken, 2007, S. 52.

avisierten Unternehmenszusammenschlusses für die wirtschaftliche Kalkulation des ausländischen Unternehmens eine große Rolle.[367]

Ein Risiko liegt wieder in der Stabilität der geltenden Steuerbestimmungen in dem Land, ähnlich der anderen oben vorgestellten politischen Maßnahmen des betreffenden Staates.[368] Hierzu existieren mittlerweile jedoch für fast alle relevanten Märkte Einschätzungen von internationalen Wirtschaftsinstituten; ebenfalls die Historie als auch die abzusehenden zukunftsorientierten Zielsetzungen der staatlichen Regierung vermögen einen halbwegs vernünftigen Aufschluss über das Fortbestehen der existierenden steuerlichen Regelungen geben.[369]

6.4 Weitere unternehmensrelevante rechtliche und rechtsähnliche Anforderungen

Anzusprechen sind hier zunächst Interessengebiete des Personalwesens des Unternehmens, indem beurteilt werden muss, welche arbeits- und sozialrechtliche Gegebenheiten vorliegen.[370] Wie bei den anderen Teilbereichen können auch hier im nationalen Kontext erhebliche Abweichungen zu den bisher existierenden Rechtsvorschriften vorliegen. Ebenso kann für das internationale Arbeitsrecht wiederum konstatiert werden, dass einzelne länderübergreifende rechtsverbindlichen Bestimmungen existieren – wie das Europäische Arbeitsrecht auf Basis des EU-Vertrages – jedoch im

[367] Vgl. Staudenmeyer: Das Wirtschafts- und Vertragsrecht transnationaler Gemeinschaftsunternehmen in Entwicklungsländern, 1990, S. 60.
[368] Vgl. Maierhofer, Erfolgsfaktoren und Schwierigkeiten bei der Errichtung eines Produktionsstandortes in der VR China, 2007, S. 83.
[369] Vgl. Maierhofer, Erfolgsfaktoren und Schwierigkeiten bei der Errichtung eines Produktionsstandortes in der VR China, 2007, S. 83.
[370] Vgl. Guang, Rechtsfragen der Gründung und des Betriebs von Joint Ventures in der Volksrepublik China, 1998, S. 198 ff.

Zweifelsfall das nationale Recht als vorherrschend gilt.[371] So kann es keinesfalls als selbstverständlich angesehen werden, dass die sehr sozial ausgeprägten arbeitsrechtlichen und arbeitsschutzorientierten europäischen Regelungen den globalen Standard darstellen.[372]

Vielmehr sind stellen gerade fehlende arbeits- und sozialrechtliche Vorschriften Anreize für global agierende Konzerne dar, ihre Produktionsstätten in bestimmte Länder zu verlagern.

Rational im Sinne des Unternehmensinteresses werden im Rahmen dieser wissenschaftlichen Arbeit vorrangig die Chancen und Risiken beurteilt, die sich bezüglich der anzutreffenden Arbeits- und Sozialgesetzgebung ergeben, insbesondere die daraus für das Unternehmen resultierende Abgaben- bzw. Kostensituation.

Als ein weiterer Gesichtspunkt können die in dem Zielland vorherrschenden rechtsähnlichen Einflüsse und Gegebenheiten aufgeführt werden, so genannte „ungeschriebenen Gesetze und Normen“, die sich aus gesellschaftlichen Ansprüchen ergeben.[373]

Aufgrund der sozialen Beziehungen des Unternehmens im gesellschaftlichen Umfeld zu der Vielzahl an Stakeholdern, mit denen es im Rahmen seines wirtschaftlichen Handelns kommt, muss das Unternehmen sich zwangsläufig an den lokalen bzw. nationalen

---

[371] Vgl. Schmeisser/Krimphove, Internationale Personalwirtschaft und Internationales Arbeitsrecht, 2010, S. 329 ff.

[372] Vgl. Staudenmeyer: Das Wirtschafts- und Vertragsrecht transnationaler Gemeinschaftsunternehmen in Entwicklungsländern, 1990, S. 81 ff.

[373] Vgl. Mikl-Horke, Die Einbettung von Unternehmen in das gesellschaftliche und politische Umfeld, in: Hametner/Schülein/Lueger, Unternehmen aus sozialwissenschaftlicher Perspektive, 2009, S. 19, S. 19.

Anforderungen orientieren.[374] Soziale und kulturelle Einflüsse spielen demnach auch hier eine wesentliche Rolle.[375]

Obwohl weiter oben z.B. unter dem Themenpunkt der interkulturellen Kompetenz bereits angesprochen, sollte an diesen Stelle noch einmal die Wichtigkeit unterstrichen werden, weil in bestimmten Ländern gesellschaftlich bzw. kulturell orientierte Verhaltensmuster rechtsähnliche Auswirkungen besitzen, da Auslegungen und Ausführungen von gesetzlichen Vorgaben und Richtlinien hierdurch maßgeblich beeinflusst werden.[376]

So kann das Rechtsverständnis einer Gesellschaft erheblich von dem einer anderen abweichen.[377] Anschaulich ist dies bspw. im Bereich der Vertragstreue zu verdeutlichen: In China wird die wortgenaue Einhaltung von Verträgen eher als unflexibel angesehen. Ein Vertrag gilt hier nicht zwangsläufig als endgültige Fixierung der wirtschaftlichen Beziehung, sondern vielmehr als Ausgangspunkt für den Auf- und Ausbau der geschäftlichen Zusammenarbeit, die mit dem Vertrag beginnt und in ihrem Verlauf den Vertragsinhalt unabwendbar verändert.[378]

So ist es besonders in Zeiten der Globalisierung der Wirtschaft ratsam, sich aus Unternehmenssicht vorher zu verdeutlichen, welchen Einfluss kulturelle und soziale gesellschaftliche Rahmenbedingungen auf wirtschaftlichrechtliche Bereiche ausüben.

---

[374] Vgl. Mikl-Horke, Die Einbettung von Unternehmen in das gesellschaftliche und politische Umfeld, in: Hametner/Schülein/Lueger, Unternehmen aus sozialwissenschaftlicher Perspektive, 2009, S. 19, S. 19.

[375] Vgl. Maierhofer, Erfolgsfaktoren und Schwierigkeiten bei der Errichtung eines Produktionsstandortes in der VR China, 2007, S. 23.

[376] Vgl. Ruppel, Deutsche Unternehmen in China: Chancen und Risiken, 2007, S. 39 ff.

[377] Vgl. Ruppel, Deutsche Unternehmen in China: Chancen und Risiken, 2007, S. 53.

[378] Vgl. Ruppel, Deutsche Unternehmen in China: Chancen und Risiken, 2007, S. 53.

Innerhalb dieser Überlegungen ist auch zu analysieren, welche gesellschaftliche Verantwortung von außen an das Unternehmen landestypisch gestellt wird, die es zu erfüllen gilt.[379] Diese können wie die angedeuteten „ungeschriebenen Gesetze" wirken, da bei Nichterfüllung erhebliche Probleme beim Aufbau von wirtschaftlichen Beziehungsstrukturen drohen.[380]

---

[379] Vgl. Mikl-Horke, Die Einbettung von Unternehmen in das gesellschaftliche und politische Umfeld, in: Hametner/Schülein/Lueger, Unternehmen aus sozialwissenschaftlicher Perspektive, 2009, S. 19, S. 19.

[380] Vgl. Crane/Matten, Business Ethics – Managing Corporate Citizenship and Sustainability in the Age of Globalization, 2006, S. 49.

7 Fiktive Fallstudie: Integrationsfelder bei einem Unternehmenszusammenschluss zwischen einem deutschen und einem chinesischen Unternehmen

Bei der folgenden Fallstudie handelt es sich um ein fiktives, gedankentheoretisches Konstrukt zum Kontext einer angestrebten Fusion zwischen einem deutschen und einem chinesischen Unternehmen.

Im Rahmen dieser komplexen Fallstudie werden alle zuvor vorgestellten Themen innerhalb der angestrebten internationalen Unternehmensintegration aufgegriffen und auf das Fallbeispiel praxisrelevant untersucht.

Dabei werden Schwerpunkte gebildet, da nicht der komplette Unternehmenszusammenschluss Gegenstand der Untersuchung ist. Diese sind die integrativen Lösungsansätze innerhalb der einzelnen Merger Phasen, insbesondere unter der Berücksichtigung der interkulturellen Auseinandersetzung.

7.1 Ausgangslage

Als Einleitung zu dem Fallbeispiel werden zunächst die angenommenen Rahmenbedingungen dieser Fusion erläutert.

China stellt eine junge, rasant wachsende Wirtschaftsmacht dar, die erst in den letzten Jahren begann, sich allmählich zu einer sozialen Marktwirtschaft zu wandeln und sich dem globalen Wirtschaftsgeschehen gegenüber zu öffnen.[381] Dies wird z.B. verdeutlicht durch den Beitritt der Volksrepublik China zur WTO in 2001.[382]

[381] Vgl. Reisach, Internationalisierungsstrategien chinesischer Unternehmen, in: Lucks, M&A in China, 2006, S. 103, S. 103 ff.

[382] Vgl. Kroymann, Das Kapitalgesellschaftsrecht der VR China, 2009, S. 8.

Trotzdem nimmt sie in der Weltwirtschaft bereits zum gegenwärtigen Zeitpunkt eine enorme Stellung ein, so stellt die Volksrepublik China mittlerweile eine der größten Volkswirtschaften dar.[383] Wachstumsraten des Bruttoinlandsprodukts von durchschnittlich über 10 % p.a. in den letzten Jahren verdeutlichen die wirtschaftliche Entwicklung des Landes.[384]
Auch der chinesische Binnenmarkt für sich allein betrachtet stellt bei einer Bevölkerung von über 1,3 Mrd. Menschen ein riesiges Potential dar.[385]
Allein mit einer Gesamtfläche von über 9,6 Mio. km² ist China etwa so groß wie der gesamte europäische Kontinent.[386] Hierauf verteilt existieren schätzungsweise 40 Städte mit jeweils mehr als 1 Million Einwohnern.[387]

Problematisch ist dennoch – gerade aus ausländischer Investorensicht – die mangelnde Transparenz hinsichtlich der wirtschaftlichen Strukturen, aber vor allem auch wegen der teils unklaren gesetzlichen Regelungen und nicht zuletzt aufgrund der Position der Staatsmacht.[388] Neben den großen Chancen, die sich in Verbindung mit diesem Wirtschaftsraum bieten, liegen deshalb auch große Risiken für ausländische Unternehmen bei angestrebten Investitionen und Markteintritten.[389] Der Staat greift regulierend in ein-

---

[383] Vgl. Maierhofer, Erfolgsfaktoren und Schwierigkeiten bei der Errichtung eines Produktionsstandortes in der VR China, 2007, S. 13.
[384] Vgl. Peterskovsky/Schüller, GIGA Focus Asien 2010, Nr. 5, S. 1, S. 1 ff.
[385] Vgl. Röder, M&A in China, 2009, S. 3.
[386] Vgl. Ruppel, Deutsche Unternehmen in China: Chancen und Risiken, 2007, S. 23.
[387] Vgl. Ruppel, Deutsche Unternehmen in China: Chancen und Risiken, 2007, S. 23.
[388] Vgl. Lucks, Deutsch-chinesische M&A, in: Lucks, M&A in China, 2006, S. 14, S. 14 ff.
[389] Vgl. Maierhofer, Erfolgsfaktoren und Schwierigkeiten bei der Errichtung eines Produktionsstandortes in der VR China, 2007, S. 14.

zelne Wirtschaftszweige in unterschiedlicher Härte ein, um die eigenen Unternehmen zu schützen und zu stärken, was von außen betracht oftmals recht willkürlich erscheint. Dabei kommt es z.B. in einigen Fällen zu „Rück-Verstaatlichungen" von Unternehmen.[390] Außerdem sind auch noch längst nicht alle diejenigen Industriesektoren für ausländische Investoren geöffnet, wie in dem ausgehandelten Zeitplan im Zuge des WTO-Beitritts vereinbart wurde.[391]

Gleichwohl liegen auch große Chancen in dem Bestreben Chinas, zu einer größeren Wirtschaftsmacht aufzusteigen.[392] Generell ist das Anziehen von ausländischen Technologien und Kapital ein Schlüssel in der chinesischen Wirtschaftspolitik.[393] Dabei muss jedoch beachtet werden, welche zentralstaatlichen Regeln für die jeweilige Branche gelten. Weiterhin ist die teilweise sehr schlechte wirtschaftliche Infrastruktur und hohe Markteintrittsbarrieren für ausländische Firmen, wie kulturelle Differenzen, generell fehlendes Marktwissen, aber auch die Produktions- und Lohnkostenunterschiede ein gewichtiges Problem, weshalb ausländische Unternehmen sich oftmals „nur" an chinesischen Unternehmen beteiligen, statt als eigener Akteur auf dem Markt tätig zu werden.[394] Schließlich existiert auch die Möglichkeit von Mergers & Acquisitions für den chinesischen Markt bzw. chinesische Unternehmen erst seit kurzer Zeit aufgrund neuerer staatlicher Regelungen seit

[390] Vgl. Staudenmeyer: Das Wirtschafts- und Vertragsrecht transnationaler Gemeinschaftsunternehmen in Entwicklungsländern, 1990, S. 41 f.

[391] Vgl. Kroymann, Das Kapitalgesellschaftsrecht der VR China, 2009, S. 10.

[392] Vgl. Lucks, Deutsch-chinesische M&A, in: Lucks, M&A in China, 2006, S. 14, S. 18 ff.

[393] Vgl. Reisach, Internationalisierungsstrategien chinesischer Unternehmen, in: Lucks, M&A in China, 2006, S. 103, S. 108.

[394] Vgl. Lucks, Deutsch-chinesische M&A, in: Lucks, M&A in China, 2006, S. 14, S. 18 ff.

ca. Mitte der 2000er.[395] Deshalb gilt China für das Ausland nach wie vor als „schwieriges M&A Land“, da weiterhin Beschränkungen und hohe behördliche und verwaltungstechnische Hürden (z.B. langwierige Genehmigungsprozesse und Informationspflichten) existieren, will man durch die Form des Unternehmenszusammenschlusses auf dem chinesischen Markt Fuß fassen.[396] Ungeachtet dessen bietet die Form der Mergers and Acquisitions eine zunehmend interessante Möglichkeit des Marktbeitritts, gerade unter Einbeziehung der prognostizierten zukünftigen Entwicklungen.

Umgekehrt drängen chinesische Unternehmen in den letzten Jahren immer stärker auf den Weltmarkt und somit auch in einzelne Länder.[397] So stiegen z.B. entgegen dem weltweiten Trend rückläufiger Auslandsinvestitionen in der globalen Finanzmarktkrise in den Jahren 2008 und 2009 die chinesischen Auslandsinvestitionen erheblich an.[398]
China betreibt die Entwicklung seiner Industrien in drei Phasen: Zunächst wurden auf dem Heimatmarkt die Grundbedürfnisse gedeckt, dabei setzte man vor allem auf die günstigen Lohnkosten und innerhalb der Produktangebote auf die Basissegmente. Die zweite Phase ist nun dadurch gekennzeichnet Kooperationen mit westlichen Unternehmen einzugehen, um technologisch aufzuschließen.[399] Die dritte Phase beinhaltet die Strategie des Exports der erzeugten Produkte, zunächst durch eine Niedrigpreispolitik im Segment der geringen Qualität, um hierüber Marktanteile zu erhal-

---

395 Vgl. Bleich, Deutsche Automobilzulieferer in China, 2009, S. 83.
396 Vgl. Lucks, Deutsch-chinesische M&A, in: Lucks, M&A in China, 2006, S. 14, S. 25.
397 Vgl. Lucks, Deutsch-chinesische M&A, in: Lucks, M&A in China, 2006, S. 14, S. 18 ff.
398 Vgl. Schüler-Zhou/Schüller/Bord, GIGA Focus Asien 2010, Nr. 8, S. 1, S. 1.
399 Vgl. Lucks, Deutsch-chinesische M&A, in: Lucks, M&A in China, 2006, S. 14, S. 18.

ten.[400] Die chinesische Regierung nimmt hierbei großen Einfluss, indem die Internationalisierung chinesischer Unternehmen massiv staatlich gefördert wird.[401] Eine Schlüsselrolle nimmt dabei auch die intergouvernementale Strategie der chinesischen Regierung ein. Momentan ist eine Tendenz weg von supranationalen Partnerschaftsanstrengungen hin zu intensiven wirtschaftlichen Beziehungsbemühungen zu wichtigen Nationen zu beobachten.[402] So konzentrieren sich die Aktivitäten Chinas derzeit u.a. gezielt auf wirtschaftliche Abkommen gerade mit Deutschland.[403]

In dem folgenden Fallbeispiel liegt die Primärperspektive bei einem (großen) mittelständischen Automobilzulieferer aus Deutschland, der im elektrotechnischen Bereich angesiedelt ist und diverse Automobilhersteller mit technisch hoch spezialisierten elektronischen Bauteilen versorgt. In diesem theoretischen Fall sei davon auszugehen, dass dieses Unternehmen mehrere Tausend Mitarbeiter verteilt auf ein paar Standorte in Deutschland beschäftigt und in einem Umsatzsegment von über 1 Mio. €, aber deutlich unterhalb von 5 Mio. € liegt, weshalb er auf keinen Fall zu den Top20 der Branche in Deutschland gerechnet werden kann, aber eine Marktnische belegt.

Aufgrund einer Marktsättigung auf dem Heimatmarkt und dem Beschluss einer strategischen Neuausrichtung ist man auf der Suche nach Wachstumsmöglichkeiten nach einer langen Phase zu der Überzeugung gelangt, den chinesischen Markt einerseits langfristig erschließen zu wollen, andererseits sich hierzu einen Partner zu suchen, um auch stärker den Weltmarkt insgesamt erschließen

[400] Vgl. Lucks, Deutsch-chinesische M&A, in: Lucks, M&A in China, 2006, S. 14, S. 18.

[401] Vgl. Schüler-Zhou/Schüller/Bord, GIGA Focus Aseien 2010, Nr. 8, S. 1, S. 4.

[402] Vgl. Noesselt, GIGA Focus Asien 2011, Nr. 6, S. 1, S. 1 ff.

[403] Vgl. Noesselt, GIGA Focus Asien 2011, Nr. 6, S. 1, S. 3.

können. Weiterhin verspricht man sich Synergieeffekte z.B. über die Verlagerung von zumindest Teilen der Produktion erhebliche Kosteneinsparungen zu erhalten.[404]
Somit existieren im Sinne der Ausführungen des Abschnitts 5.1.2.1 mehrere Motive für eine anzustrebende Fusion, wobei die strategischen Motive im Rahmen einer Unternehmensneuausrichtung im Vordergrund stehen.

Aus der Perspektive des chinesischen Unternehmens, mit dem man über die Fusion verhandelt, und das noch in teilstaatlicher Hand liegt, ist es interessant, hierüber den oben beschriebenen Technologietransfer zu ermöglichen und Zutritt zum westeuropäischen Markt zu erhalten.[405] Weiterhin ist ein generelles Problem der Mangel an qualifizierter Managementkompetenz in China, weshalb der Staat überlegt, z.B. auch für diese Branche die Regelungen zu in diese Richtung zu lockern, bzw. diesen konkreten Fall zu unterstützen.[406]
Ein Engagement auf dem chinesischen Automobilmarkt direkt ist für ausländische Automobilhersteller derzeit nur auf „Umwegen" z.B. über Joint Ventures möglich, jedoch unterliegt die Automobilzulieferindustrie seit 2003 weitaus weniger Regulierungen.[407]
Die chinesische Automobilbranche hat hohe Wachstumsraten, an ihr gekoppelt ebenso die Zulieferindustrie.[408] Beide Branchen weisen aber stark regionale Strukturen auf; es existieren quasi keine

---

[404] Vgl. Röder, M&A in China, 2009, S. 2.
[405] Vgl. o.V., Chinesische Unternehmen der Automobilzulieferindustrie, www.mpower.de/news/artikel/chinesische-unternehmen-der-automobilzulieferindustrie-signalisieren-interesse-an-fusion-mit-deutsch/, Stand: 12.01.11
[406] Vgl. Reisach, Internationalisierungsstrategien chinesischer Unternehmen, in: Lucks, M&A in China, 2006, S. 103, S. 108.
[407] Vgl. Bleich, Deutsche Automobilzulieferer in China, 2009, S. 25.
[408] Vgl. Bleich, Deutsche Automobilzulieferer in China, 2009, S. 25 ff.

Systemlieferanten, die landesweit operieren. Synergieeffekte fehlen demnach fast vollständig.[409]
Ebenfalls mangelt es im Bereich der Fertigung z.B. an Standardisierungen und technologischen Standards.[410]
Zusammengefasst hat auch die chinesische Seite hohes Interesse an einer Fusion, um Synergieeffekte zu nutzen.[411]

Der genauen Ablauf und die insgesamt auftretenden Schwierigkeiten dieses komplexen Vorhabens sind – wie eingangs erwähnt – nicht vollumfänglich Gegenstand der Untersuchung, vielmehr liegt nachfolgend der Fokus auf den Integrationsfeldern unter besonderer Berücksichtigung des unternehmenskulturellen Bereichs, dessen Probleme allein aber dafür sorgen könnten, dass die Fusion nicht erfolgreich verläuft, wie die obigen Ausführungen bereits verdeutlicht haben.[412] Deshalb kann man zur Überzeugung gelangen, dass diesem Planungsgebiet eine Schlüsselrolle innerhalb der Fusionsbestrebungen zukommt.

7.2 Analyse der Integrationsfelder

Für die vorzunehmende Fusion ist gemäß den allgemeinen Rahmenbedingungen für Fusionen eine lange Vorbereitungszeit zu veranschlagen.[413]
Anhand einer kritischen Herangehensweise kann man vorab schon analytische Schwerpunkte für die Pre Merger Phase setzen: Zum einen sind die rechtlichen Rahmenbedingungen genauer zu unter-

---

[409] Vgl. Bleich, Deutsche Automobilzulieferer in China, 2009, S. 30.
[410] Vgl. Bleich, Deutsche Automobilzulieferer in China, 2009, S. 30.
[411] Vgl. o.V., Chinesische Unternehmen der Automobilzulieferindustrie, www.mpower.de/news/artikel/chinesische-unternehmen-der-automobilzulieferindustrie-signalisieren-interesse-an-fusion-mit-deutsch/, Stand: 12.01.11
[412] Vgl. Habeck/Kröger/Träm, Wi(e)der das Fusionsfieber, 2002, S. 101 ff.
[413] Vgl. Wirtz, Mergers & Acqusitions Management, 2003, S. 108 ff.

suchen, da es sich mit der VR China offenkundig um einen von den westeuropäischen Ländern völlig verschiedenen Staat handelt, dessen Rahmenbedingungen zunächst als wenig transparent erscheinen.[414] Ebenso ist das politisch-ökonomische System der VR China immer noch als Einheit zu betrachten, da die Staatsform immer noch sozialistische Ausprägungen besitzt.[415]
Zum anderen ist deutlich, dass der Beachtung der Unternehmenskulturen eine hohe Beachtung zukommen muss. Dies ergibt sich zwangsläufig aus der Konfrontation der beiden gegensätzlichen Kulturen Deutschlands und Chinas schon während der Verhandlungsphase.[416]

Daraus ergibt sich als Folge, dass die potentiellen Probleme hierfür nachfolgend herausgebildet werden müssen und diese dann auch bei der Ausarbeitung der Lösungsansätze die Schwerpunkte bilden werden.

7.2.1 Analyse der rechtlichen Rahmenbedingungen

Gemäß den einleitenden Ausführungen dieser Fallstudie sind in die Chancen und Risiken zu beurteilen, die sich aufgrund der rechtlichen Situation im Zielland China für die geplante Unternehmensfusion ergeben. Wie in Kapitel 6 erläutert wurde, muss wegen der Gestaltung des internationalen Rechts auch im Bereich des Unternehmensrechts bzw. des Wirtschaftsrechts das vorherrschende nationale Recht analysiert werden.

---

[414] Vgl. Maierhofer, Erfolgsfaktoren und Schwierigkeiten bei der Errichtung eines Produktionsstandortes in der VR China, 2007, S. 14.
[415] Vgl. Ruppel, Deutsche Unternehmen in China: Chancen und Risiken, 2007, S. 36.
[416] Vgl. Berner, Abstoßreaktionen bei Fusionen, www.umsetzungsberatung.de/pmi-post-merger-integration/abstossungsreaktion.php, 17.12.2010.

7.2.1.1 Allgemeine Bemerkungen zum chinesischen Rechtssystem

Grundsätzlich ist zu dem Rechtssystems China zu sagen, dass es von westlichen Rechtsordnungen stark unterscheidet.[417] Es wirkt auf viele westliche Investoren unübersichtlich und verwirrend.[418]

Das chinesische Rechtssystem orientiert sich am Modell der ehemaligen Sowjetunion, was bedeutet, das Recht primär als Mittel zur Durchsetzung politischer Interessen genutzt wird.[419] Deutlich wird dies auch dadurch, dass es in China keine Gewaltenteilung zwischen Legislative, Exekutive und Justiz gibt.[420] Dies stellt in der analytischen Betrachtung selbstverständlich ein großes Grundrisiko dar, jedoch sind gerade im wirtschaftsrechtlichen Bereich in den letzten Jahren deutliche Tendenzen erkennbar, dass eine gewisse Stabilität vorliegt.[421]

Ebenfalls kann als grundsätzliche Ausprägung des Rechtssystems festgestellt werden, dass in China Gesetze, Verordnungen und selbst Teile der Verfassung in weiten Teilen eher als zu interpretierende Grundlage von gerichtlichen Entscheidungen denn als verbindliche Normen betrachtet werden, was die Rechtssicherheit insbesondere nach westeuropäischen Standards beeinträchtigt.[422] Die Ursache liegt in der relativ schwach ausgeprägten Rechtskultur, da es z.B. keine Verwaltungsgerichtsbarkeit gibt und die Justiz nicht unabhängig von der Legislativen und der Exekutiven ist.[423]

---

[417] Vgl. Kroymann, Das Kapitalgesellschaftsrecht der VR China, 2009, S. 1.
[418] Vgl. Kroymann, Das Kapitalgesellschaftsrecht der VR China, 2009, S. 14.
[419] Vgl. Holtbrügge/Puck: Geschäftsefolg in China, 2008, S. 14.
[420] Vgl. Holtbrügge/Puck: Geschäftsefolg in China, 2008, S. 14.
[421] Vgl. Holtbrügge/Puck: Geschäftsefolg in China, 2008, S. 14.
[422] Vgl. Maierhofer: Erfolgsfaktoren und Schwierigkeiten bei der Errichtung eines Produktionsstandortes in der VR China, 2007, S. 15.
[423] Vgl. Holtbrügge/Puck: Geschäftsefolg in China, 2008, S. 16.

7.2.1.2 Wirtschaftsrechtliche Ausprägungen in China

In der Volksrepublik China existiert – wie eingangs angedeutet – keine uneingeschränkte Niederlassungsfreiheit für ausländische Investoren. Dies gilt auch für Unternehmensgründungen, Unternehmensbeteiligungen als auch generellen Investitionen in die nationale Wirtschaft.[424] Im Zuge der wirtschaftspolitischen Ambitionen des Landes wurden zwar im mehr Branchen für ausländische Investoren geöffnet, dennoch existieren auch heutzutage Beschränkungen für einige Sektoren.[425]

Dies bedingt, dass das chinesische Wirtschaftsrecht geteilt ist: Rein chinesische Unternehmen und Unternehmen mit ausländischer Beteiligung fallen dadurch in den Anwendungsbereich von unterschiedlichen Gesetzen und Vorschriften.[426] Die Investitionstätigkeit ausländischer Unternehmen wird in zahlreichen Spezialgesetzen geregelt und ist grundsätzlich durch den Staat genehmigungspflichtig.[427]

Deshalb ist für ein ausländisches Unternehmen zunächst zu prüfen, ob und welche Möglichkeiten existieren und welche Nachteile gegebenenfalls gegenüber inländischen Marktteilnehmern entstehen.

Diese wirtschaftsrechtlichen Besonderheiten stellen somit erhebliche Risiken für die Erfolgsaussichten des Unternehmens dar und können den Unternehmenszusammenschluss von vornherein beeinträchtigen, da z.B. die favorisierte Integrationsform aufgrund der rechtlichen Restriktionen nicht verfolgt werden kann.

---

[424] Vgl. Kroymann, Das Kapitalgesellschaftsrecht der VR China, 2009, S. 10.
[425] Vgl. Kroymann, Das Kapitalgesellschaftsrecht der VR China, 2009, S. 35.
[426] Vgl. Kroymann, Das Kapitalgesellschaftsrecht der VR China, 2009, S. 35.
[427] Vgl. Staudenmeyer: Das Wirtschafts- und Vertragsrecht transnationaler Gemeinschaftsunternehmen in Entwicklungsländern, 1990, S. 44.

In dem vorliegenden Fallbeispiel wurden diese Tatsachen berücksichtigt, indem – wie einleitend erwähnt – zuvor die gesetzlichen Vorgaben der betreffenden Branche ausgiebig eruiert wurden und der Schluss gefasst wurde, durch eine Fusion die geltenden staatlichen M&A-Richtlinien Chinas zu nutzen, um hierdurch einen Einstieg zu dem avisierten Markt zu erhalten.[428]

Trotz der auch hier z.T. vorliegenden Reglementierungen zum Schutz der inländischen Wirtschaft hat das Land China aufgrund seines Interesses am Kapital- und Technologietransfer für diese Branche derzeit weit weniger Restriktionen für potentielle Investitionsvorhaben vorgesehen.[429] Dazu existieren Lenkungsbestimmungen, die durch so genannte Branchenkataloge, wie z.B. den GuidCat, veröffentlich und alle paar Jahre den aktuellen Zielvorstellungen angepasst werden.[430] Hierdurch werden Kategorien veröffentlicht, die die Branchen nach ihren Beschränkungen auflisten.

Wirtschaftsrechtlich weiterhin relevant ist die Aufteilung des Landes in unterschiedliche Investitionszonen.[431]

Hierdurch muss auch bei der Standortwahl wiederum berücksichtigt werden, dass es regionale Restriktionen für das anzusiedelnde Unternehmen geben kann. Durch die grundsätzliche Förderbereitschaft von chinesischer Staatsseite liegen auch hier eher günstige Voraussetzungen für den geplanten Unternehmenszusammenschluss vor.[432]

---

[428] Vgl. Lucks, Deutsch-chinesische M&A, in: Lucks, M&A in China, 2006, S. 14, S. 25.

[429] Vgl. Bleich, Deutsche Automobilzulieferer in China, 2009, S. 25.

[430] Vgl. Kroymann, Das Kapitalgesellschaftsrecht der VR China, 2009, S. 42 ff.

[431] Vgl. Kroymann, Das Kapitalgesellschaftsrecht der VR China, 2009, S. 36.

[432] Vgl. o.V., Chinesische Unternehmen der Automobilzulieferindustrie, www.mpower.de/news/artikel/chinesische-unternehmen-der-automobilzulieferindustrie-signalisieren-interesse-an-fusion-mit-deutsch/, Stand: 12.01.11

Da der Unternehmenszusammenschluss in Form der Fusion ein möglichst langfristiges strategisches Engagement in China vorsieht steht auch die Forderung nach Schutz des Eigentums im Vordergrund und damit einhergehend eine insgesamt vorhandene Rechtssicherheit. Durch die Entwicklungen der letzten Jahre und dem Interesse des Staates in die Investition und Förderung des Wirtschaftsraumes, kann dieses Risiko zumindest als abgemildert betrachtet werden.[433] Dennoch bleibt eine gewisse Unsicherheit, insbesondere durch die angesprochene Auslegungsvielfalt der existierenden Normen und der stark abweichenden Wertevorstellungen.
Daran anschließend besteht auch das Risiko der Eingriffe in das Marktgeschehen von staatlicher Seite. Auch hier kann durch die vergangenen Entwicklungen nur vermutet, jedoch nicht umfänglich angenommen werden, dass das Verhalten des Staates sich weiter liberalisiert.[434]

7.2.1.3 Steuerrechtliche Gegebenheiten in China

Anknüpfend an die beschriebene Zweiteilung des chinesischen Wirtschaftsrechts existiert auch beim Unternehmenssteuerrecht Chinas eine faktische Unterscheidung.
Obwohl seit 2008 eine mehr vereinheitlichende gesetzliche Regelung gilt, bei der ausländische und inländische Unternehmen steuerlich im wesentlichen gleich behandelt werden sollen, erfolgt die Umsetzung noch nicht vollumfänglich, da für viele Unternehmen mit ausländischer Beteiligung erst mit Ablauf von längeren

---

[433] Vgl. Staudenmeyer: Das Wirtschafts- und Vertragsrecht transnationaler Gemeinschaftsunternehmen in Entwicklungsländern, 1990, S. 41.
[434] Vgl. Ruppel, Deutsche Unternehmen in China: Chancen und Risiken, 2007, S. 36.

Übergangsfristen diese neuen Regelungen vollumfänglich Anwendung finden.[435]
Jedoch ist damit perspektivisch im Sinne einer Risikobeurteilung zum einen erkennbar, dass die steuerlichen Vorschriften Chinas sich weiter positiv für ausländische Unternehmen entwickeln und zum anderen das gesamte Steuerrechtsystem sich weiter öffnet.
Somit werden steuerliche Benachteiligungen von ausländischen Unternehmen tendenziell sukzessive weiter abgebaut.
Dies trägt zu einer positiven Bewertung der Stabilität von Chinas Steuerrechtssystem bei.

Als weiterer möglicher und zu prüfender Anreiz ist das Vorhandensein von steuerlichen Vergünstigungen für Investitionen in bestimmten Branchen in China zu sehen.[436] Eventuell sprechen steuerliche Anreize bei der Beurteilung des Vorhabens als eine Kompensation für die festgestellten rechtlichen Risiken. Die steuerlichen Vergünstigungen wurden insbesondere seit 2008 zwar im Sinne einer Globalisierung deutlich eingeschränkt, jedoch werden immer noch spezielle wirtschaftliche Vorhaben durch Steueranreize gefördert.[437] Der Staat hat zur Steigerung der Investitionsbereitschaft Sonderwirtschaftszonen eingerichtet, bei denen z.B. die Körperschaftssteuer für Unternehmen deutlich gesenkt ist oder Steuerbefreiungen und Freistellungen von der Gewinnbesteuerung und der lokalen Steuer gewährt werden.[438]

Es existiert zudem seit 1985 ein Doppelbesteuerungsabkommen zwischen Deutschland und China, um diesen grundlegenden Auf-

[435] Vgl. Kroymann, Das Kapitalgesellschaftsrecht der VR China, 2009, S. 65 f.
[436] Vgl. Staudenmeyer: Das Wirtschafts- und Vertragsrecht transnationaler Gemeinschaftsunternehmen in Entwicklungsländern, 1990, S. 65.
[437] Vgl. Kroymann, Das Kapitalgesellschaftsrecht der VR China, 2009, S. 71 f.
[438] Vgl. Staudenmeyer: Das Wirtschafts- und Vertragsrecht transnationaler Gemeinschaftsunternehmen in Entwicklungsländern, 1990, S. 65.

gabenbereich des internationalen Steuerrechts zur Komplettierung der Materie noch anzusprechen. Somit ist auch diese Grundvoraussetzung erfüllt, falls z.B. beschlossen wird, nur Teile des deutschen Unternehmens in Form einer Tochtergesellschaft oder ähnlichem nach China zu transferieren.[439]

7.2.1.4 Weitere unternehmensrelevante Rechtsbereiche in China

Eine wichtige Position innerhalb der Überlegungen zum Unternehmenszusammenschluss nehmen die vorliegenden arbeitsrechtlichen Vorschriften in China ein.[440]
Zu beachten sind zwei unterschiedliche Tatbestände: Zum einen die Fragestellung, welche arbeits- und sozialrechtlichen Bedingungen sind in China gegeben, bzw. inwieweit weisen diese von den „bekannten westeuropäischen“ ab, und zum anderen, ob Vorschriften für die Beschäftigung von nicht-inländischen Mitarbeitern für das Unternehmen zu beachten sind.[441]

Der zweite Punkt ist insofern logischer Weise von Bedeutung, da bei der Fusion gerade höher qualifizierte Mitarbeiter wie Manager und spezialisierte Fachkräfte aus dem deutschen Unternehmen mitgenommen werden sollen.
In China ist die Beschäftigung ausländischer Arbeitnehmer in der Regel genehmigungspflichtig ist. Hierzu muss eine Genehmigung eines Personalbedarfsplans erfolgen. In dieser Planung muss der Bedarf der ausländischen Arbeitskräfte sowohl quantitativ aufgeführt als auch inhaltlich begründet werden, außerdem muss eine

---

[439] Vgl. Staudenmeyer: Das Wirtschafts- und Vertragsrecht transnationaler Gemeinschaftsunternehmen in Entwicklungsländern, 1990, S. 65.
[440] Vgl. Staudenmeyer: Das Wirtschafts- und Vertragsrecht transnationaler Gemeinschaftsunternehmen in Entwicklungsländern, 1990, S. 83.
[441] Vgl. Staudenmeyer: Das Wirtschafts- und Vertragsrecht transnationaler Gemeinschaftsunternehmen in Entwicklungsländern, 1990, S. 82 ff.

zeitliche Planung erfolgen, aus der hervorgeht, wann welche ausländischen Arbeitskräfte durch inländische ersetzt werden.[442] Demgegenüber stehen die Bestrebungen der chinesischen Staatsmacht, ausländisches Know-how in das Land zu bringen.[443] Deshalb finden auch hier wieder unterschiedliche Maßstäbe ihre Anwendung, bzw. es kann trotzdem davon ausgegangen werden, dass ausländischen Fachkräften, an denen es im Inland mangelt, Arbeitserlaubnisse erteilt werden – zumindest für einen gewissen Zeitraum.

Die arbeits- und sozialrechtlichen Grundlagen weichen stark von den europäischen bzw. deutschen ab und fußen oftmals auf den sozialistischen Überzeugungen.[444] So soll z.B. in China die Beschäftigung inländischer Arbeitskräfte vornehmlich über kollektive Arbeitsverträge erfolgen, um eine Harmonie zwischen den Arbeitskräften zu sichern.[445] Dabei verfügt das einzelne Individuum über weniger persönliche Rechte, da die Betriebsgewerkschaft vertraglicher Partner bei den Kollektivverträgen mit dem Unternehmen ist und Angelegenheiten im gemeinschaftlichen Sinne regelt.[446]

Ein weiterer zu beachtender Punkt ist, dass für den Bereich der Sozialabgaben in China ebenfalls spezielle Regelungen für ausländische und Gemeinschaftsunternehmen existieren, da hierüber

---

[442] Vgl. Staudenmeyer: Das Wirtschafts- und Vertragsrecht transnationaler Gemeinschaftsunternehmen in Entwicklungsländern, 1990, S. 82 ff.

[443] Vgl. Lucks, Deutsch-chinesische M&A, in: Lucks, M&A in China, 2006, S. 14, S. 25.

[444] Vgl. Staudenmeyer: Das Wirtschafts- und Vertragsrecht transnationaler Gemeinschaftsunternehmen in Entwicklungsländern, 1990, S. 84.

[445] Vgl. Staudenmeyer: Das Wirtschafts- und Vertragsrecht transnationaler Gemeinschaftsunternehmen in Entwicklungsländern, 1990, S. 84.

[446] Vgl. Staudenmeyer: Das Wirtschafts- und Vertragsrecht transnationaler Gemeinschaftsunternehmen in Entwicklungsländern, 1990, S. 84.

vermehrt das noch nicht ausreichende Sozialsystem finanziert werden soll.[447] Eine offizielle Begründung ist dadurch gegeben, dass Gemeinschaftsunternehmen, Kooperationen und ausländische Alleinunternehmen oftmals eine begrenzte Lebensdauer besitzen, so dass sie nicht über einen lange andauernden Zeitraum zur sozialen Versorgung der inländischen Personen beitragen werden.[448]

Trotz dieser Ausführungen soll erwähnt werden, dass sich rein aus Kostengründen für das Fusionsunternehmen eine günstigere Situation im Bereich der Personalkosten und der Sozialabgaben ergeben kann und auch sollte als dies vor dem Unternehmenszusammenschluss der Fall war.
Damit ist auch ein strategisches Grund der Fusion angesprochen: Kosteneinsparungen im Personalsektor durch die Standortverlagerung.

Für den Integrationsgedanken, bzw. für die vorliegende Untersuchung der relevanten Faktoren bei der durchzuführenden Unternehmensintegration ist jedoch vorrangig wichtig, dass der arbeitsvertraglichen Gestaltung eine besondere Bedeutung in dem Sinne zukommt, dass die chinesischen Arbeitnehmer mit der vorwiegend gesellschaftlichen und sozialen ausgeprägten Orientierung deutlich andere Anforderungen an das Unternehmen stellen als dies bei deutschen Arbeitskräften der Fall ist.
Bei Entlohnung von leitenden Angestellten gilt z.B. die Maxime „gleicher Lohn für gleiche Arbeit“, die auch einschließt, dass es zwischen chinesischen und deutschen Fachkräften keine unter-

[447] Vgl. Staudenmeyer: Das Wirtschafts- und Vertragsrecht transnationaler Gemeinschaftsunternehmen in Entwicklungsländern, 1990, S. 89.
[448] Vgl. Staudenmeyer: Das Wirtschafts- und Vertragsrecht transnationaler Gemeinschaftsunternehmen in Entwicklungsländern, 1990, S. 90.

schiedliche Entlohnung bei vergleichbaren Posten und Tätigkeiten gibt.[449]

An diese Ausführungen anknüpfend lassen sich weiter soziale und gesellschaftliche Rahmenanforderungen an das zusammengeschlossene Unternehmen in China finden, mit denen es sich konfrontiert sehen wird und deren Erfüllung den Erfolg der Unternehmensintegration im Sinne einer erfolgreichen Ansiedlung am Zielstandort beeinflussen wird. In einem Land, dessen Gesellschaft sehr sozial und gemeinschaftlich ausgerichtet ist, spielen die Einhaltung gesellschaftlicher Normen und Regeln eine große Rolle.[450] Dies wirkt sich auch auf die Durchführung der Unternehmensintegration aus, da z.B. die Vorstellungen von dem inländischen Fusionspartner mit in das Unternehmen getragen werden und zu Konflikten führen können.

7.2.1.5 Gesamtbeurteilung der unternehmensrechtlichen Situation in China

Insgesamt sind für die Fusion die rechtlichen Aspekte von großer Relevanz, da sie zum einen bereits in der Strategiegestaltung Einfluss nehmen, z.B. auf die aus unternehmensrechtlichen Gründen begrenzten Möglichkeiten der Unternehmensstandort- und Marktpositionierung, aber auch durch wirtschaftrechtliche Einschränkungen und nicht zuletzt durch rechtsähnliche soziale Komponenten.

Diese Anforderungen müssen bei der Lösungserarbeitung der Merger-Strategie berücksichtigt werden.

---

[449] Vgl. Staudenmeyer: Das Wirtschafts- und Vertragsrecht transnationaler Gemeinschaftsunternehmen in Entwicklungsländern, 1990, S. 89.

[450] Vgl. Mikl-Horke, Die Einbettung von Unternehmen in das gesellschaftliche und politische Umfeld, in: Hametner/Schülein/Lueger, Unternehmen aus sozialwissenschaftlicher Perspektive, 2009, S. 19, S. 19.

Ein wichtiges Thema, dass u.U. nur indirekt mit der eigentlichen Unternehmensintegration zu tun hat, aber den Unternehmenszusammenschluss als Ganzes betrifft, ist das Problem der Korruption.
Korruption ist ein relevanter Faktor im chinesischen Wirtschaftsleben.[451] Mehrere Studien stellen dabei heraus, dass Unternehmenstätigkeiten in China von diesem Thema stark betroffen sind.[452] Eine Ursache liegt in dem Rechtssystem als solches, da viele Verordnungen Auslegungssache sind und dementsprechend unterschiedlich angewendet werden können, eine weitere liefert die Wertevorstellung der Bevölkerung: Enge Beziehungen untereinander spielen eine wesentliche Rolle und die Bevorzugung von Nahestehenden hat Vorrang.[453]

7.2.2 Analyse der Unternehmenskulturen beider Unternehmen

Um die Auswirkungen der Konfrontation der beiden Kulturen einschätzen zu können, müssen zunächst beide Kulturen separat analysiert werden. Dies geschieht hier im begrenzten Umfang aufgrund von Vorgaben im theoretischen Maßstab, vielmehr wird nachfolgend der Einfluss landeskultureller Einflüsse herausgestellt.

Die Unternehmenskultur des deutschen Unternehmens kann als tief verwurzelt und sehr prägnant beurteilt werden: Es existieren klare Vorstellungen über die Werte und die Ziele, darüber hinaus

---

[451] Vgl. Maierhofer, Erfolgsfaktoren und Schwierigkeiten bei der Errichtung eines Produktionsstandortes in der VR China, 2007, S. 81.
[452] Vgl. Maierhofer, Erfolgsfaktoren und Schwierigkeiten bei der Errichtung eines Produktionsstandortes in der VR China, 2007, S. 81.
[453] Vgl. Maierhofer, Erfolgsfaktoren und Schwierigkeiten bei der Errichtung eines Produktionsstandortes in der VR China, 2007, S. 81.

ist ein klar definiertes Leitbild vorhanden. Auch ist die Unternehmenskultur stark verbreitet.[454]
Sehr ähnlich kann auch die chinesische Unternehmenskultur beschrieben werden.
Sie geht in ihrer Ausprägung, was Prägnanz, Verbreitungsgrad und Verankerungstiefe betrifft sogar noch weiter, bzw. besitzt noch deutlichere Ausprägungen.

Als Weiteres konnte im Rahmen der Analyse für das chinesische Unternehmen festgestellt werden, dass (wie bei vielen traditionellen chinesischen Firmen) hier eine einfache, hierarchisch gegliederte Struktur vorliegt, die sich durch die direkte Kontrolle der Vorgesetzten auszeichnet.[455] Die Unternehmensleitung ist die strategische Spitze, die häufig nach „Versuch und Irrtum" agiert und mit der Vielzahl der Versuche die Trefferwahrscheinlichkeit erhöht. Die flexible Anpassung an Kundenanforderungen, Wettbewerbsbedingungen und Gesetze auf ihrem Heimatmarkt ist der Trumpf der chinesischen Unternehmensführung.[456] Weiterhin ist festzustellen, dass eine „Senioritätsfokussierung" vorherrscht, d.h. es erfolgt eine Orientierung am Alter, bzw. es liegt ein genereller hoher Respekt gegenüber dem Alter vor. Dies drückt sich u.a. dadurch aus, dass die Führungskräfte in dem chinesischen Unternehmen ein eher „betagtes Alter" besitzen.[457]

Als erstes Zwischenfazit ist demnach festzuhalten, dass beide Unternehmenskulturen als „stark" bezeichnet werden: Bei beiden

[454] Vgl. Schreyögg, Organisation, 2003, S. 464.
[455] Vgl. Ruppel, Deutsche Unternehmen in China: Chancen und Risiken, 2007, S. 41.
[456] Vgl. Reisach, Internationalisierungsstrategien chinesischer Unternehmen, in: Lucks, M&A in China, 2006, S. 103, S. 112.
[457] Vgl. Ruppel, Deutsche Unternehmen in China: Chancen und Risiken, 2007, S. 41.

Unternehmen sind klare Handlungs- und Verhaltensorientierungen zu erkennen, es existieren rasche Entscheidungsfindungen und eine hohe Motivation.

7.2.2.1 Landeskulturelle Einflüsse auf die Unternehmenskulturen

Sehr interessant im Rahmen der Analyse gestaltet sich der landeskulturelle Vergleich.
Hier kann auf bereits bestehende Erkenntnisse zurückgegriffen werden, die sich u.a. nach dem Modell von Hofstede gestalten.

Für Deutschland typisch ist eine im internationalen Ländervergleich eher unter dem Durchschnitt liegende Machtdistanz, der Führungsstil wird als „partnerschaftlich" eingeordnet.[458] Auch ist eine Orientierung hin zu einer eher individualistisch als kollektivistisch ausgeprägten Gesellschaft zu beobachten.[459] Weiterhin gehört Deutschland zu den gemildert maskulinen Ländern.[460] Die Unsicherheitsvermeidung besitzt in Deutschland generell einen leicht überdurchschnittlichen Vergleichswert.[461] Eine langfristige Orientierung kann nur bedingt festgestellt werden, bzw. im internationalen Vergleich ist sie maximal als durchschnittlich anzusehen.[462]

Das typische Hierarchieverständnis in China ist hingegen im Vergleich zu dem deutschen sehr unterschiedlich ausgeprägt: Durch

[458] Vgl. Rothlauf, Interkulturelles Management, 2009, S. 36.
[459] Vgl. König, Internationale Megafusionen, 2004, S. 73.
[460] Vgl. König, Internationale Megafusionen, 2004, S. 74.
[461] Vgl. Rothlauf, Interkulturelles Management, 2009, S. 42.
[462] Vgl. Rothlauf, Interkulturelles Management, 2009, S. 43 f.

eine klare Hierarchiestruktur ergibt sich ein relativ hoher Faktor in der Machtdistanz in chinesischen Unternehmen.[463]
Es besteht in China eine starke Tendenz zum Kollektivismus, was z.B. an den vernetzten Gemeinschaften mit ihrem Hang zur Bewahrung der Harmonie und Stabilität der Gruppen erkennbar ist.[464]
Außerdem ist die Unsicherheitsvermeidung eher niedrig ausgeprägt, zudem existiert eine gemilderte Maskulinität und eine ausnahmslos hohe langfristig orientierte Ausprägung.[465]

Im direkten Vergleich ergeben sich somit deutliche Differenzen, was die Machtdistanz, die Individualitätsausprägung und die langfristige Orientierung betreffen, ebenso Unterschiede in der Unsicherheitsvermeidung. Nur im Bereich der maskulinen Ausprägung liegt man auf gleicher „Höhe".[466]

Wie erwähnt, wird unterstellt, dass sich die Unternehmenskulturen an diesen Ausprägungen orientieren, bzw. von diesen beeinflusst werden, wobei festgelegt wird, dass das deutsche Unternehmen etwas weniger rigide in Bezug auf die Unsicherheitsvermeidung ausgeprägt ist, da sie sich sehr wohl durch Innovationen und Risikobereitschaft auszeichnen. Auch die langfristige Orientierung sei etwas ausgeprägter als im landestypischen Kulturbild, da die vorliegende Fallkonstruktion insgesamt eher für das Vorhandensein dieser Wertvorstellungen sprechen.
Das chinesische Unternehmen bzw. seine Organisationskultur sei der Einfachheit halber ein „typischer Vertreter".

---

[463] Vgl. Ruppel, Deutsche Unternehmen in China: Chancen und Risiken, 2007, S. 41.
[464] Vgl. Ruppel, Deutsche Unternehmen in China: Chancen und Risiken, 2007, S. 41.
[465] Vgl. Ruppel, Deutsche Unternehmen in China: Chancen und Risiken, 2007, S. 42 ff.
[466] Vgl. Rothlauf, Interkulturelles Management, 2009, S. 42 f.

Somit bleiben zum Teil erhebliche Differenzen, die auch zu erwarten waren, da man bereits aufgrund der unterschiedlichen Sitten, Gebräuche und generellen Verhaltensformen darauf schließen durfte.[467] Bei den Lösungsansätzen sind im günstigen Fall diese vorhandenen Unterschiede zu berücksichtigen; so ist z.B. bei den fusionierenden Abteilungen darauf zu achten, dass sowohl Teamarbeit (für die deutsche Unternehmenskultur) als auch eine hierarchische Gliederung (für die chinesische Integration) als Elemente in die neue Mischform der Unternehmensstruktur einfließen, um diese Differenzen zu verkleinern.[468]

7.2.2.2 Probleme aufgrund der analysierten Kräfteverhältnisse

Aus den bisherigen Erkenntnissen anhand der Analyse ist im Sinne des Prognoserasters (siehe Abschnitt 4.2) als erste Beurteilung festzuhalten, dass zwei Unternehmenskulturen aufeinander treffen, die beide als grundsätzlich stark – in ihrem Kräfteverhältnis also annähernd auf gleicher Höhe – eingestuft werden, wobei die chinesische Unternehmenskultur als etwas tiefer verwurzelt angesehen wird. Anderseits liegt die Initiative der Fusion auf deutscher Seite, weshalb hier wiederum einige „Punkte" in der Bewertung aufgrund des dominanten Verhaltens und der klaren Ausrichtung des Managements hinzugerechnet werden.

Die weitere Analyse lässt die Einschätzung erwachsen, dass es sich um komplett unterschiedlich ausgeprägte Unternehmenskulturen handelt.

---

[467] Vgl. Berner, Interkulturelles Management, www.umsetzungsberatung.de/veraenderungsstrategie/intercultural-change.php, 17.12.2010.

[468] Vgl. Ruppel, Deutsche Unternehmen in China: Chancen und Risiken, 2007, S. 41.

Als Resultat dieser vereinfachten Culture Due Diligence steht die Befürchtung, dass der so genannte „Cultural Fit“ fehlt, im Extremfall könnte es sich sogar um inkompatible Unternehmenskulturen handeln, deren Konfrontation nach der Fusion auf einen Stellungskrieg hinauslaufen könnte.[469]
Dies bedeutet eine Kontrastverstärkung, bei der beide Kulturgruppen versuchen, ihre eigene Kultur auf aggressive Art zu bewahren.[470]

7.2.2.3 Strukturelle Konfliktfelder

Als weitere Schwierigkeiten werden die Probleme, die aufgrund struktureller Konflikte entstehen können, untersucht.
Grundsätzlich kann man innerhalb der strategischen Planung zur Ansicht kommen, dass die Synergieeffekte der größte Vorteil der Fusion sind.[471] Dies beinhaltet auch die Zusammenlegung bzw. Verlagerung von Funktionsbereichen, wie z.B. die Schließung einer Produktionsstätte in Deutschland und den gleichzeitigen Ausbau der Kapazitäten in China, aber auch verwaltungsorientierte Zusammenlegungen.

Deshalb kann an dieser Stelle bereits prognostiziert werden, dass es zu Konflikten innerhalb der Strukturen mit hoher Sicherheit kommen wird, dies beinhaltet u.U. alle drei Bereiche: Verteilungskonflikte, Zuständigkeitskonflikte und Regelungskonflikte.

---

[469] Vgl. Berner, Abstoßreaktionen bei Fusionen, www.umsetzungsberatung.de/pmi-post-merger-integration/abstossungsreaktion.php, 17.12.2010.
[470] Vgl. Berner, Abstoßreaktionen bei Fusionen, www.umsetzungsberatung.de/pmi-post-merger-integration/abstossungsreaktion.php, 17.12.2010.
[471] Vgl. Wirtz, Mergers & Acquisitions Management, 2003, S. 58 ff.

Dies bedeutet, dass schon in der Pre Merger Phase gesondert auf diese Umstände zur Vermeidung der Problemfelder eingegangen werden muss.

7.3 Lösungsansätze für eine potentiell erfolgreiche Integration

Der vorgestellte, komplexe Sachverhalt lässt vermuten, dass die angestrebte Unternehmensfusion einigen Schwierigkeiten unterliegen wird und deshalb einer sorgfältigen Vorabplanung und der Ausarbeitung einer problemabgestimmten Strategie eine besonders starke Gewichtung zukommt.
Traditionsgemäß liegt der Schwerpunkt auf der Post Merger Phase des Unternehmenszusammenschlusses, jedoch haben die bisherigen Ausführungen – auch die des theoretischen Teils – bereits erkennen lassen, dass bereits für die Pre Merger Phase konzeptionell vorgegangen werden muss.[472]

Nachfolgend sind deshalb Lösungsansätze zunächst für das Integrationsmanagement allgemein, im Anschluss spezielle Maßnahmen jeweils für die Pre und die Post Merger Phase gegeben.
Diese Ausführungen stellen zusammen das Gesamtkonzept für die konstruierte Fallstudie dar.

Große Bedeutung bei der Wahl des Integrationsansatzes und zentral für das Gelingen der Integration ist in diesem Kontext, dass vor allem auf die verschiedenen Grundeigenschaften der beteiligten Organisationen eingegangen wird.[473] Dies spricht an, dass eine

---

[472] Vgl. Berner, Abstoßreaktionen bei Fusionen, www.umsetzungsberatung.de/pmi-post-merger-integration/integrationskonzept.php, 17.12.2010.
[473] Vgl. Müller-Stewens, Eckfeiler eines Integrationsmanagements, in: Thom/Zaugg, Excellence durch Personal- und Organisationskompetenz, 2001, S. 185, S. 189.

Organisationen aus mehr als der strukturellen allein Dimension besteht.

Einen Schwerpunkt stellt deshalb bei den Integrationsmaßnahmen das Integrationsfeld der Unternehmenskultur dar, folglich ist u.a. ein Schwerpunkt die Überlegung, inwieweit die beiden Unternehmenskulturen miteinander verschmelzen sollen, bzw. ob man von vornherein beschließt, dass beide Kulturen bewahrt werden können oder müssen.
Dies spricht den Punkt der festzulegenden Integrationstiefe bei der Ausgestaltung der Integrationsstrategie schon vorab an, der im Rahmen folgenden Ausarbeitungen noch einmal aufgegriffen wird.

7.3.1 Konzept für ein Integrationsmanagement

Dem Integrationsmanagement kommt die Projektaufgabe zu, den Unternehmenszusammenschluss zu planen, durchführend zu begleiten und zu kontrollieren.[474]
Gemäß den in Abschnitt 5.2 vorgestellten Gebieten des Integrationsmanagements werden nachfolgend diese Gestaltungsfelder in den Ansatz zu einem individuell ausgestellten, fallbezogenen Integrationsmanagement gebracht.

- Wahl des Integrationsmodells:

Aus den bisherigen Überlegungen heraus erscheint es ratsam, die Entscheidung zu treffen, dass im Wesentlichen das „Cherrypicking"-Modell zur Anwendung kommen soll, da es am ehesten geeignet erscheint, um das Fusionsvorhaben durchzuführen.
Von beide Organisationen werden ihre wesentliche Bereiche systematisch einander gegenüber gestellt, wobei als „Erweiterung"

---

[474] Vgl. Müller-Stewens, Eckfeiler eines Integrationsmanagements, in: Thom/Zaugg, Excellence durch Personal- und Organisationskompetenz, 2001, S. 185, S. 188.

ein Teil der grundlegenden Überlegungen (somit findet auch eine Nutzung des vorgestellten „Visionär"-Modells statt), wie das zukünftige Unternehmen positioniert werden soll, mit einbezogen wird.
Neben der grundsächlichen Vorgehensweise, dass die jeweiligen Unternehmenssegmente nach ihrer Leistungsfähigkeit der ursprünglichen Organisationen aufgebaut werden, wird in ausgewählten Schlüsselbereichen der zukünftig erwarteten Entwicklung des Wirtschaftsraums Rechnung getragen, indem die potentiell geeignete Variante für dieses prognostizierte Szenario ausgewählt werden soll.
Diese Methode ist sehr zeitaufwendig und Bedarf einer hohen Informationsgenerierung, aufgrund des Management-Know-hows und der möglichen zukünftigen Vorteile erscheint jedoch dieser Zusatz zur Methode als lohnender Schritt im „Gesamtwagnis" der Unternehmensfusion.

Bei der Durchführung im Rahmen des Integrationsmodells ist darauf zu achten, dass bedingt durch die bisher festgestellten Analyseergebnisse, die zwei konträre Organisationen mit jeweils starken Strukturen ermittelten, es zu einer transparenten, für alle Seiten nachvollziehbaren Anwendung des Integrationsmodells kommen muss.[475]
Da hier zumindest eine gewisse Tendenz zu einer „Merger among Equals" vorliegt, sollten zudem nicht alle Schlüsselpositionen durch das übernehmende Unternehmen – also das deutsche – be-

[475] Vgl. Müller-Stewens, Eckfeiler eines Integrationsmanagements, in: Thom/Zaugg, Excellence durch Personal- und Organisationskompetenz, 2001, S. 185, S. 189.

setzt werden, um nicht die Integration zum Scheitern zu verurteilen.[476]

- Analyse des Integrationstyps:

Dem oben vorgestellten Modellansatz nach Haspeslagh / Jemison folgend, ist die Symbiose als Integrationstyp zu wählen.

Da bereits festzustellen ist, dass ein sofortiger und kompletter Zusammenschluss aller Bereiche resultierend aus den sehr unterschiedlichen aber dennoch starken Organisationen bzw. ihrer Kulturen sehr aufwendig, schwierig und eventuell gar nicht vollumfänglich möglich ist, aber gleichzeitig zur Erreichung des Akquisitionszieles auch ein hoher Bedarf an strategischen Interdependenzen vorhanden ist, erscheint es sinnvoll, zunächst nur eine partielle Integration anzustreben.[477]
Die Methode soll der angestrebten Zielstellung der maximalen Synergiepotenzialausschöpfung dienen, indem Funktionsbereiche der beiden Unternehmen, die einen deutlichen Bezug zueinander aufweisen, integriert werden, während andere Bereiche entweder zunächst nahezu autonom weiter existieren, oder aber liquidiert werden.

Durch die Anwendung des Symbiose-Integratiosntyps soll außerdem erreicht werden, dass eine gewisse „Co-Evolution“ angestoßen wird, bei der sich die Bereiche beider ursprünglichen Unternehmen – auch die des „eher erwerbenden“ – einem gegenseitigen

---

[476] Vgl. Müller-Stewens, Eckfeiler eines Integrationsmanagements, in: Thom/Zaugg, Excellence durch Personal- und Organisationskompetenz, 2001, S. 185, S. 189.
[477] Vgl. Hohnhaus, Erfolg der M&A-Beratung bei Unternehmenstransaktionen, 2004, S. 69.

Anpassungsprozess unterziehen, der zu einer gemeinsamen Zusammenarbeit führt.[478]

- Ausgestaltung der Integrationssynchronisierung:

Mit den obigen Überlegungen einhergehend, bzw. im Zuge der Wahl von Integrationsmodell und –typ bereits erfolgt, werden Prioritäten für die durchzuführende Integration im Hinblick auf die zu integrierenden Bereiche gesetzt.
Gemäß den Ausführungen werden zunächst die Funktionsbereiche integriert, deren Integration am erfolgskritischsten für das Gelingen der Fusion gesehen werden muss.

Da ferner vorerst eine partielle Integration vorgesehen ist, werden die Bereiche aus dem Integrationsvorhaben herausgenommen, die momentan noch nicht zusammenzufügen sind.

- Integrationsprojektplanung:

Bedingt durch die hohe Komplexität und die hohen inhaltlichen Anforderungen, wie z.B. die stark gegensätzlichen Kulturen, ist das Vorhandensein von ausgeprägten und vielfältigen Kompetenzen für die Projektorganisation notwendig.

Zwei Schlüsselkomponenten für den vorliegenden Fall sind zum einen infolge der abzuschätzenden großen zeitlichen Dauer für das gesamte Integrationsvorhaben und infolge des komplexen Gesamtumfangs, dass das Integrationsprojektteam quantitativ sehr umfangreich ausfallen wird. Außerdem wird die Integrationsprojektteammitglieder zur Bewältigung der Integrationsaufgaben aus

---

[478] Vgl. Müller-Stewens, Eckfeiler eines Integrationsmanagements, in: Thom/Zaugg, Excellence durch Personal- und Organisationskompetenz, 2001, S. 185, S. 191.

dem normalen operativen Unternehmensgeschäft herauszulösen sein, d.h. für die Dauer wird eine Matrixorganisationsform gebildet, da es auch zu starken Berührungspunkten mit den einzelnen Abteilungen bzw. Sparten kommt.[479]
Zum anderen bedingen die hohen Know-how Anforderungen, dass Fachkompetenzen extern bezogen werden müssen, besonders für die Aufgaben das chinesische Rechtssystem betreffend, wie z.B. arbeitsvertragsrechtliche Ausgestaltungen, aber auch für die Unternehmensrechtsbereiche allgemein (hier sei noch einmal auf die „chinesische Gepflogenheit hingewiesen, wie geltendes Recht ausgelegt und angewandt wird), und im Bereich der interkulturellen Kompetenz zur Beseitigung der festgestellten Problemgebiete bei den vorhandenen kulturellen Ausprägungen.[480]

Dem Integrationscontrolling als Begleitung während der Integrationsdurchführung wird eine besonders hohe Stellung aufgrund der Komplexität der Gesamtintegrationsaufgabe zukommen.[481] Die ständige Zielerreichungskontrolle ist notwendig, um Anpassungen an dem Integrationsablauf vornehmen zu können.

7.3.2 Vorbereitungen während der Pre Merger Phase

Anhand der aufgespürten Integrationsproblemfelder, hauptsächlich die zu erwartenden strukturellen Konflikte bei der kulturellen Integration, ist deutlich, dass bereits in der Pre Merger Phase Maßnahmen zu treffen sind, um eine vernünftige Basis für die Fusion zu legen.[482]

---

[479] Vgl. Müller-Stewens, Eckfeiler eines Integrationsmanagements, in: Thom/Zaugg, Excellence durch Personal- und Organisationskompetenz, 2001, S. 185, S. 194.
[480] Vgl. König, Internationale Megafusionen, 2004, S. 89.
[481] Vgl. Wirtz, Mergers & Acquisitions Management, 2003, S. 114.
[482] Vgl. Wirtz, Mergers & Acquisitions Management, 2003, S. 107.

Um den möglichen Verteilungs-, Zuständigkeits- und Regelungskonflikten grundlegend zu begegnen, ist die grundlegende Vorgehensweise anzuwenden, konträre Positionen in ein gemeinsames Handeln zu ändern, indem ein übergreifendes „Wir-Gefühl" erzeugt wird.[483]
Dies soll die kulturelle Integration vorantreiben, indem eine gemeinsame Herausforderung gestellt wird. Diese soll darin bestehen – unter Berücksichtigung, dass eine komplette Neustrukturierung erfolgen muss – dass aufgrund der Fusion der beiden Unternehmen eine globale Strategie fortan das Unternehmen bestimmen soll.
Diese globale Strategie ist als weiterführendes langfristiges Ziel bereits mit den Erwartungen an die Fusion gestellt und somit als zukünftige Ausrichtung gewollt.
Das heißt, dass den Mitarbeitern verdeutlicht werden soll, dass die Fusion nicht nur die gegenseitige Marktpositionsverbesserung der bestehenden Märkte zum Ziel hat, sondern durch die neu erreichte Größe andere „Dimensionen" im globalen Marktgeschehen avisiert werden, die jedoch nur durch die effektive Zusammenarbeit erreicht werden können, da die Position und Größe der beiden einzelnen Unternehmen für sich, diese angestrebten Herausforderungen nicht zuließen.
Weiterhin ist in der Überlegung jedoch auch das „negativ behaftete" Ziel den Mitarbeitern zu verdeutlichen, dass der zukünftige Verdrängungswettbewerb bei zunehmender Globalisierung eine Gefährdung der Arbeitsplätze jedes Einzelnen bedeutet, wenn die Zusammenführung nicht produktiv verläuft.[484]
Dies sollte jedoch aufgrund der Negativwirkung in den Kommunikationsmaßnahmen hinten angestellt werden.

[483] Vgl. Berner, Kulturelle Integration, www.umsetzungsberatung.de/pmi-post-merger-integration/kulturelle-integration.php, 17.12.2010.
[484] Vgl. Berner, Kulturelle Integration, www.umsetzungsberatung.de/pmi-post-merger-integration/kulturelle-integration.php, 17.12.2010.

Die folgende Vorausplanung für die Integrationsdurchführung während der Post Merger Phase aufgrund der diagnostizierten zu erwartenden Problemfelder ergibt die folgenden (Kern-)Entscheidungen:

- Die Integrationstiefe ist – gemäß des gewählten Integrationstyps der Symbiose, also der vorerst partiellen Integration – zunächst möglichst gering zu wählen. In den Bereichen, wo z.B. auch bedingt durch die räumliche Distanz und der autonomen Stellung innerhalb des Unternehmens die jeweils eigenen Unternehmenskultur „weiter funktionieren" kann, soll auch keine zu schnelle und „gewaltsame" Änderung erfolgen; vielmehr soll über die gemeinsame Herausforderung eine schrittweise Annäherung erfolgen (wie es die oben angesprochene Co-Evolution vorsieht), bis sich langfristig eine gemeinsame Unternehmenskultur herausbildet. Aufgrund der Tatsache des Mangels an qualifiziertem Managementpersonal in dem chinesischen Unternehmen, was ein Personaltransfer von Führungskräften aus Deutschland nach China bedeutet, ist besonderen Wert auf den Bereich der interkulturellen Kompetenz der betroffenen Personen zu legen. Dies bedeutet, dass diese Personen zum einen geschult und zum anderen nach ihren diesbezüglichen Fähigkeiten ausgewählt werden müssen.

  Um diesen Personaltransfer durchführen zu können, müssen ebenso die arbeitsrechtlichen Gegebenheiten zu berücksichtigt werden, d.h. dass bereits in der Pre Merger Phase eruiert werden muss, ob der chinesische Standort die gewünschte Form der Aufbauorganisationsausgestaltung annehmen kann.

- Die strukturellen Konfliktbereiche müssen vertiefend analysiert werden. Zu diesem Zweck ist es wichtig, die neue Organisationsstruktur eindeutig zu erstellen und die sich ergebenden Überschneidungen und Synergien herauszustellen. Daraus sind die Fragestellungen nach Zuständigkeiten, Regelungen, Stellenbesetzungen etc. zu beantworten, um die Maßnahmen zur Beseitigung struktureller Konflikte abzuleiten.

- Der Bereich der Kommunikation (siehe hierzu auch die Integrationsdurchführung der Post Merger Phase im nächsten Abschnitt) ist auch hier schon zu planen, da ihm ganz besondere Bedeutung aufgrund der Ergebnisse der Analyse beigemessen wird.

- Es besteht die Notwendigkeit externe Berater insbesondere für den Bereich der interkulturellen Kompetenz zur Hilfe zu nehmen, die Fachwissen im Umgang mit der chinesischen Kultur und des interkulturellen Austauschs besitzen. Sie sollen vor allem vor Ort in China bei der Integrationsdurchführung aufgrund ihres Know-hows unterstützend wirken.

- Vor Abschluss der Pre Merger Phase muss das umfassende Konzept zur interkulturellen Integrationsdurchführung komplett erstellt werden, da dieser Bereich als so wichtig einzustufen ist, dass ohne die erfolgreiche Bewältigung der interkulturellen Differenzproblemfelder der Erfolg der Fusion in Frage gestellt wird.

7.3.3 Integrationsdurchführung während der Post Merger Phase

An die bisherigen Planungsschritte anknüpfend erfolgt die konkrete Ausgestaltung der Integrationsdurchführung während der Post Merger Phase.

Für den erfolgreichen Verlauf der Integration spielen die in dem in Abschnitt 5.4 vorgestellten so genannten weichen Faktoren des 7 K-Modells eine entscheidende Rolle.[485]
Wie gefordert werden diese Erfolgsfaktoren bereits im Rahmen der strategischen Planung der Pre Merger Phase berücksichtigt, demzufolge liegt der Fokus während der Post Merger Phase auf der konzeptionellen Umsetzung der relevanten Integrationsfaktoren.[486]

Nachfolgend werden zunächst diese relevanten Schwerpunktfaktoren ausgeführt, anschließend werden die Elemente zu einem konzeptionellen Post Merger Lösungsansatz zusammengefügt.

7.3.3.1 Schwerpunktfaktoren innerhalb der Post Merger Phase

Es lassen sich die in den theoretischen Grundlagen angesprochenen gegenseitigen Wechselbeziehungen der Einflussfaktoren anhand des praktischen Beispiels gut nachvollziehen.
So kommen wegen der sehr konträren Unternehmenskulturen zum einen den kommunikationspolitischen Maßnahmen besondere Bedeutung während der Durchführungsphase zu, aber auch ein langfristig angelegtes Change Management nimmt eine wichtige Stel-

---

[485] Vgl. Jansen, Public Merger Management, in: Huber/Jansen/Plamper, Public Merger: Strategien für Fusionen im öffentlichen Sektor, 2004, S. 3, S. 28.
[486] Vgl. Baur, M&A-Myopia und Integrationsmanagement, 2004, S. 69.

lung ein, um die Kulturintegration über einen längeren Zeitraum hinweg zu ermöglichen.

Diese Ausführungen verdeutlichen wiederum, dass Maßnahmen zur Unternehmenskulturintegration eine zentrale Stellung innerhalb der Integrationsdurchführung besitzen.
Dies liegt daran, dass der Umgang mit den interkulturellen Interdependenzen als wesentlicher Erfolgsbeitrag für das Gelingen der Fusion identifiziert wurde.

Demnach ist es für eine erfolgreiche kulturelle Integration wichtig, zunächst Konfliktvermeidung zu betreiben, um vorhandene Konfliktpotentiale nach Möglichkeit nicht aufbrechen zu lassen. Basis dafür bilden eine sorgfältige Planung – womit auch eine Anpassung der zuvor erfolgten Planung auf sich ergebende Veränderungen in der Post Merger Phase gemeint ist – und wiederum die Nutzung der interkulturellen Kompetenzen.

Bei der Kommunikationspolitik ist insbesondere aufgrund der Mentalitätsunterschiede darauf einzugehen, wie in der jeweiligen Kultur Kommunikation vorgenommen wird, bzw. wo die Unterschiede liegen. Wie in allen asiatischen Ländern kommt auch in China dem Kommunikationsverhalten eine außergewöhnlich hohe Bedeutung zu, dies trifft vor allem für den Bereich der non verbalen Kommunikation zu, dessen Stellenwert ungleich höher als in westeuropäischen Kulturen ist.[487]
Ein weiterer Faktor im Bereich der Kommunikation liegt ebenfalls in den Grundlagen der chinesischen Kultur: Beziehungen untereinander, so auch zwischen den einzelnen Wirtschaftssubjekten haben eine sehr große Bedeutung. Wie bereits in den Ausführungen

[487] Vgl. Rothlauf, Interkulturelles Management, 2009, S. 431 ff.

zu den landeskulturellen Unterschieden dargelegt, ist die chinesische Wirtschaftsgesellschaft im Gegensatz zur eher faktenbasierten Wirtschaftskultur der westlichen Welt sehr viel stärker auf Beziehungen aufgebaut.[488] Es existieren mehr wechselseitige Verpflichtungen, deshalb muss auch die Kommunikation dementsprechend ausgerichtet werden.

Darüber hinaus besitzt die Kommunikation generell in der vorliegenden Fallstudie eine hohe Wichtigkeit als Instrument zur Konfliktbeseitigung.[489]

Daran knüpft sich jedoch eine offensichtliche, wenn auch ungleich hohe Herausforderung: Die sehr unterschiedliche Sprache.
Die deutsche und die chinesische Sprache sind grundverschieden. Problemverschärfend kommt hinzu, dass sie im jeweils anderen Sprachgebiet nur wenig verbreitet ist, d.h. dass nur wenige Personen diese Fremdsprache beherrschen. Neben der vielleicht langfristigen Möglichkeit der gegenseitigen kulturellen Förderung, indem den Mitarbeitern diese Sprachen vermittelt werden, existieren als kurzfristige Lösungsansätze wiederum die Hinzunahme von externen Fachkräften (Dolmetschern etc.) und auch die Einführung der englischen Sprache als offizielle Firmensprache ab einem bestimmten Organisationslevel. Dies ist u.U. der praktikabelste Weg, da zum einen englisch bereits weit verbreitet sein wird, und als weiteres aufgrund der Zielstellung der Globalisierung des Unternehmens diese Maßnahme auch unumgänglich sein wird. Zum anderen kann auch hier eine Art „gemeinsame Herausforderung" liegen, dass zur Beseitigung struktureller Konflikte beitragen kann, indem beide Seiten sich annähern und neue Fähigkeiten erlernen müssen.

---

[488] Vgl. Holtbrügge / Puck, Geschäftserfolg in China, 2008, S. 29 f.

[489] Vgl. Lucks / Meckl, Internationale Mergers & Acquisitions, 2002, S. 202 ff.

Als zusammenfassende Bemerkung sei noch einmal darauf hingewiesen, dass in der Überwindung der Sprachbarriere somit ein elementares Anliegen für die Durchführung der notwendigen Kommunikationsmaßnahmen liegt.

Insgesamt ergeben sich demzufolge auch in der Post Merger Phase hohe Anforderungen an das Integrationsmanagement, wobei hier die sozialen Kompetenzen noch mehr im Vordergrund rücken.[490] Durch die zuvor angesprochene Einbindung des Integrationsprojekts in die Organisationsstruktur wird eine Verknüpfung des Integrationsmanagements mit allen wesentlichen Unternehmensbereichen erzielt, die neben der offiziellen strukturellen Ausprägung auch aktiv ausgeführt werden muss. Hierfür sind wiederum die sozialen Kompetenzen des Integrationsmanagements notwendig.[491] Des Weiteren ist auf jeden Fall darauf zu achten, dass dem Integrationsteam auch chinesische Mitarbeiter angehören, damit die geforderte Gemeinsamkeit erreicht und dadurch die Akzeptanz am Integrationsvorhaben erhöht werden kann. Dies erleichtert die Durchsetzbarkeit der erforderlichen Maßnahmen.[492]

In der Post Merger Phase setzt das oben angesprochene Integrationscontrolling seinen Schwerpunkt. Dabei sollten die einzelnen Schritte innerhalb der Integrationsdurchführung mit sinnvollen Teilzielen ausgestattet werden, deren Erreichung im Rahmen von Erfolgskontrollen überprüft wird.[493]
Da die Komplexität des Integrationsvorhabens sehr hoch ist und auch dementsprechend ein sehr hoher Aufwand betrieben wird,

---

490 Vgl. Wirtz, Mergers & Acquisitions Management, 2003, S. 235.
491 Vgl. Wirtz, Mergers & Acquisitions Management, 2003, S. 293.
492 Vgl. Wirtz, Mergers & Acquisitions Management, 2003, S. 293.
493 Vgl. Jansen, Public Merger Management, in: Huber/Jansen/Plamper, Public Merger: Strategien für Fusionen im öffentlichen Sektor, 2004, S. 3, S. 33.

sollte auch das Tool der Integration Card oder ein ähnliches Kennzahlensystem genutzt werden, um die Erfolgskontrolle verlässlich durchführen zu können.

7.3.3.2 Ansätze eines zu nutzenden Post Merger Integrationskonzeptes

Der Ausgestaltung eines offenen, durchaus flexiblen Post Merger Integrationskonzeptes kommt die Schlüsselstellung im Rahmen des Integrationsprojektes zu.

Insgesamt müssen alle Teilplanungen aufeinander abgestimmt werden, die sich hier in das Grundkonzept einer Symbiose, bzw. einer partiellen Integration ergeben, bei dem die zu integrierenden Unternehmensbereiche vorwiegend nach dem Cherrypicking-Integrationsmodell bei gleichzeitiger Berücksichtigung von zukunftsgerichteten Ausgestaltungen ausgewählter Organisationssubsysteme.

Als langfristige Strategie bleibt bezogen auf die wichtige kulturelle Integration die Zielsetzung, dass die beiden ursprünglichen Kulturen zu einer neuen Unternehmenskultur verschmelzen sollen, die sich Laufe des Veränderungsprozesses herausbildet.
Bei dieser Akkulturation soll nach Möglichkeit eine „reine" Integration stattfinden.
Hierbei soll auf die Zusammenführung von Elementen beider Kulturen in einem annähernd ausgewogenen Verhältnis geachtet werden.[494] Basis hierfür ist das gute Verhältnis zwischen beiden Unternehmen während der Fusionsphase, ansonsten kommt es zu einer Ablehnhaltung, bzw. zu Abstoßungsreaktionen.[495]

---

[494] Vgl. Wirtz, Mergers & Acquisitions Management, 2003, S. 317.
[495] Vgl. Wirtz, Mergers & Acquisitions Management, 2003, S. 318.

Als Zusatz ist zu überdenken, für welche Bereiche eventuell eine bewusste Aufrechterhaltung der unterschiedlichen Unternehmenskulturen möglich ist.

7.4 Ergebnis der Fallstudie

Das Gelingen der Integration im vorgestellten fiktiven Fusionsfall ist von einer Reihe von Integrationsfaktoren abhängig, allen voran dem der Unternehmenskulturen.

Welche Bedeutung die richtige Wahl eines Integrationskonzeptes wird insbesondere bei diesem Schwerpunkt der kulturellen Integration deutlich:
Aus deutscher Sicht wäre als Vorgehensweise – die man am Anfang eventuell noch ohne die Ergebnisse der Analyse als Ziel erklärte – eine komplette Assimilation der „anderen“ Unternehmenskultur in die bestehende Kultur des vermeintlich „akquirierenden Unternehmens“. Jedoch wurde im Rahmen der in der Pre Merger Phase stattgefundenen Analyse schnell offensichtlich, dass die Organisationskultur des chinesischen Unternehmens als zu stark und zu andersartig einzustufen ist, weshalb eine „Auslöschung“ im wissenschaftlichen Terminus nicht möglich ist, sondern vielmehr eine starke Konfrontation zu befürchten ist, die im Extremfall sogar die gemeinsame Zusammenarbeit so stark behindert, dass der Erfolg der Fusion allein dadurch gefährdet sein könnte.

Demnach wurde – was aber nur durch eine Analyse und Strategiefestlegung bereits in der Pre Merger Phase möglich wurde – bereits frühzeitig eine andere Vorgehensweise festgelegt: Die Integrationstiefe ist (zunächst) auf ein weit geringeres Maß zu verringern. Eine intensive und komplexe Kulturintegrationsdurchführung ist langfristig anzustreben bei gleichzeitiger Schwerpunktlegung auf einer kurzfristigen Konfliktvermeidung, bei der die Neugestaltung der gemeinsamen Unternehmenskultur sich im Rahmen des Change Managements unter der Einbeziehung der Mitarbeiter vollzieht.

Die kulturelle Integration wird dabei in das Rahmenkonzept der vorläufigen partiellen Integration aufgenommen, um durch ein langfristig orientiertes Vorgehen der Co-Evolution Konfliktfelder weitestgehend zu vermeiden.

Durch ein frühzeitiges und vor allem proaktives Integrationsmanagement, das bereits in der Pre Merger Phase einsetzt, wird erreicht, dass Integrationsverantwortliche von Anfang an in den Merger-Prozess eingebunden sind.

Insgesamt dürfte es sich aufgrund der hoch komplexen Ausgangslage um einen schwierigen Fall der Integration handeln, bei der den Themen der Kommunikationspolitik und der interkulturelle Kompetenz besondere Bedeutungen zukommen.

Festzuhalten bleibt, dass deshalb von vornherein genaue Analysen erfolgen müssen, auch wenn am Ende eventuell der Entschluss entsteht, dass das andere Unternehmen z.B. aufgrund der zu gegensätzlichen Unternehmenskultur, die nicht mit der eigenen integrierbar ist, keinen geeigneten Partner für eine Fusion darstellt.

8 Fazit

Im Rahmen dieser Ausarbeitung wurde die Thematik der Integration wissenschaftsübergreifend ausführlich behandelt.
Ausgehend von den allgemeinen Integrationsformen der Soziologie, der Kulturwissenschaften und der Wirtschaftswissenschaft wurden darauf aufbauend spezielle Integrationenformen anhand des Themengebietes der europäischen Integration vorgestellt. Dabei wurde deutlich, dass die verschiedenen Ebenen der Integration nie losgelöst voneinander beurteilt werden können, da zwischen ihnen komplexe Verflechtungen bestehen.

Den Übergang auf die betriebswirtschaftliche Ebene bildete die Fokussierung auf Integrationsvorgänge innerhalb von Mergers and Acquisitions.
Hier wurde aufgezeigt, dass die Ausgestaltung und Bewältigung des Integrationsprozesses mittels eines Integrationsmanagements erfolgt.

Ebenso wurde unter Zuhilfenahme einer fiktiven Fallstudie herausgebildet, dass erfolgreich verlaufende Integrationen für das Gelingen von Mergers and Acquisitions von zentraler Bedeutung sind: Findet die Integration keinen zufrieden stellenden Verlauf, so sind die M&A-Ziele gefährdet, im Extremfall scheitert der Unternehmenszusammenschluss selbst.
Zu diesem Zweck wurden überwiegend weiche Erfolgsfaktoren ermittelt, deren Berücksichtigung die Basis für einen positiv verlaufenden Integrationsprozess bilden.

Dabei wurde aufgezeigt, welch hohe Relevanz das Thema der kulturellen Integration im Rahmen der Integrationsvorhaben des Bereichs der Mergers and Acquisitions besitzt und dass die Bewälti-

gung der kulturellen Integrationsproblematik einen wesentlichen Erfolgsfaktor für das Gelingen von Unternehmenszusammenschlüssen darstellt.
Dies trifft vor dem Hintergrund zunehmender Globalisierung insbesondere für länderübergreifende, internationale Mergers and Acquisitions zu, da hier die interkulturellen Differenzen tendenziell stärker ausgeprägt sind.
Dieser Tatbestand erklärt zugleich auch die Zukunftsträchtigkeit dieses Themengebiets.

Neben dem kulturellen Integrationsfeld konnten weitere Schwerpunktthemen anhand der Fallstudie herausgebildet werden, die maßgeblichen Einfluss auf das Integrationsvorhaben nehmen, so u.a. die rechtlichen Aspekte.

Als ein Ergebnis der angestellten Untersuchung kann dabei festgehalten werden, dass die bislang vorherrschende Fokussierung auf die Ansätze der Post Merger Phase nicht den bestmöglichen Erfolg für die Integrationsvorhaben bedingt.
Es wurde deutlich, dass erfolgreiche Integrationsmanagement-Ansätze bereits in der Pre Merger Phase beginnen müssen, da die Integration nicht allein nur Gegenstand der Durchführungsphase nach erfolgtem Unternehmenszusammenschluss sein darf.
Zu diesem Zeitpunkt ist es oftmals zu spät, um notwendige Maßnahmen vollumfänglich installieren zu können.

Ein wesentliches Ziel, das mit der Integration verbunden wird, ist das Ausschöpfen der identifizierten Wachstums- und Synergiepotenziale, weshalb u.a. der Unternehmenszusammenschluss vollzogen wird. Die Erreichung dieses und der weiteren geforderten Ziele begründet letztendlich die Wahl des Integrationskonzeptes und geeigneter Integrationsmaßnahmen durch das Integrationsmanagement.

Obschon mit Akquisitionen Wertsteigerungen erzielt werden sollen, sind mit ihnen hohe Investitionsrisiken verbunden.[496] Dabei liegt die Schwierigkeit der Integration in ihrer Komplexität und ihrer Neuartigkeit für jeden einzelnen Fall von Mergers and Acquisitions. Diese Tatsachen führen dazu, dass an das Integrationsmanagement sehr hohe Anforderungen gestellt werden. Dennoch existieren zentrale konzeptionelle Gestaltungsfelder, die im Rahmen dieser Arbeit vorgestellt wurden, anhand derer in Kombination mit den gefundenen Erfolgsfaktoren eine individuell angepasste Integrationskonzeption ausgearbeitet werden kann. Diese konzeptionellen Ausgestaltungen sind eine Grundanforderung für die Durchführung der Integration, jedoch treten im Verlauf des Integrationsprozesses meist eine Reihe von unerwarteten Entwicklungen auf, die charakteristisch für die Einzigartigkeit einer Integration bei Unternehmenszusammenschlüssen sind. Diese aufkommenden Schwierigkeiten und Risiken zu bewältigen, stellen die eigentlichen Herausforderungen innerhalb des Integrationsmanagements dar.
Deshalb ist bei der Ausgestaltung des Integrationskonzeptes darauf zu achten, dass es möglichst offen und flexibel gestaltet ist und mit einem sinnvollen Integrationscontrolling versehen wird.

Integration bei Unternehmenszusammenschlüssen kann gleichwohl auch als Chance gesehen werden, bisherige Unternehmensfunktionen und Geschäftsfelder kritisch zu hinterfragen und gegebenenfalls im Zuge des Integrationsprozesses neu zu strukturieren.

---

[496] Vgl. Müller-Stewens, Eckfeiler eines Integrationsmanagements, in: Thom/Zaugg, Excellence durch Personal- und Organisationskompetenz, 2001, S. 185, S. 185 f.

Literaturverzeichnis

Ahrens, Claus: Europäisches und Internationales Wirtschaftsprivatrecht, Stuttgart 2008.

Bartoszewski, Piotr (Erfolgreiches Integrationsmanagement bei Fusionen und Akquisitionen): Erfolgreiches Integrationsmanagement bei Fusionen und Akquisitionen. Entwicklung einer anspruchsgruppenorientierten Konzeption, Wiesbaden 2006.

Bauch, Clea: Planung und Steuerung der Post Merger-Integration, Wiesbaden 2004.

Baur, Matthias (M&A-Myopia und Integrationsmanagement): M&A-Myopia und Integrationsmanagement. Mentale Barrieren bei der Umsetzung eines effektiven und effizienten Integrationsmanagements bei Mergers & Acquisitions, Wiesbaden 2004.

Bergemann, Britta / Bergemann, Niels (Interkulturelle Managementkompetenz): Interkulturelle Managementkompetenz – Anforderungen und Ausbildung, Heidelberg 2005.

Bieling, Hans-Jürgen / Lerch, Marika: Theorien der europäischen Integration: Ein Systematisierungsversuch, in: Bieling, Hans-Jürgen / Lerch, Marika (Hrsg.): Theorien der europäischen Integration, 2. Auflage, Wiesbaden 2006, S. 9-40.

Bleich, Nils (Deutsche Automobilzulieferer in China): Deutsche Automobilzulieferer in China – Chancen und Risiken der Erschließung des chinesischen Automobilmarktes, Reihe China, Band 24, Hamburg 2009.

Brasche, Ulrich: Europäische Integration: Wirtschaft, Erweiterung und regionale Effekte, 2. Auflage, München 2008.

Crane, Andrew / Matten, Dirk: Business Ethics – Managing Corporate Citizenship and Sustainability in the Age of Globalization, 2. Auflage, Oxford 2006.

Dieckheuer, Gustav: Internationale Wirtschaftsbeziehungen, 5., vollständig überarbeitete Auflage, München 2001.

Djanani, Christiana / Brähler, Gernot (Internationales Steuerrecht): Internationales Steuerrecht: Grundlagen für Studium und Steuerberaterprüfung, 3., überarbeitete Auflage, Wiesbaden 2006.

Esser, Hartmut: Soziologie. Allgemeine Grundlagen Band 1, Frankfurt / Main 1999.

Esser, Hartmut: Soziologie. Spezielle Grundlagen Band 2: Die Konstruktion der Gesellschaft, Frankfurt / Main 2000.

Esser, Hartmut: Was ist dran am Begriff der „Leitkultur"?, in: Kecskes, Robert / Wagner, Michael / Wolf, Christof (Hrsg.): Angewandte Soziologie, Wiesbaden 2004, S. 199-214.

Friedrichs, Jürgen / Jagodzinski, Wolfgang: Theorien sozialer Integration, in: Imbusch, Peter / Heitmeyer, Wilhelm (Hrsg.): Integration – Desintegration. Ein Reader zur Ordnungsproblematik moderner Gesellschaften, Wiesbaden 2008, S. 93-118.

Gebhardt, Winfried: Kulturwissenschaft und Soziologie, in: Stierstorfer, Klaus / Volkmann, Laurenz (Hrsg.): Kulturwissenschaft interdisziplinär, Tübingen 2005, S. 19-38.

Gerndt, Helge (Kulturwissenschaft im Zeitalter der Globalisierung): Kulturwissenschaft im Zeitalter der Globalisierung. Volkskundliche Markierungen, Münster 2002.

Große Hüttmann, Martin / Fischer, Thomas: Föderalismus, in: Bieling, Hans-Jürgen / Lerch, Marika (Hrsg.): Theorien der europäischen Integration, 2. Auflage, Wiesbaden 2006, S. 41-64.

Großfeld, Bernhard (Internationales und Europäisches Unternehmensrecht): Internationales und Europäisches Unternehmensrecht – Das Organisationsrecht transnationaler Unternehmen, 2., neu bearbeitete und erweiterte Auflage, Heidelberg 1995.

Gunag, Guo: Rechtsfragen der Gründung und des Betriebs von Joint Ventures in der Volksrepublik China, Rechtszentrum für Europäische und Internationale Zusammenarbeit (R.I.Z.), Band 8, Berlin, 1998.

Habeck, Max M. / Kröger, Fritz / Träm, Michael (Wi(e)der das Fusionsfieber): Wi(e)der das Fusionsfieber: Die sieben Schlüsselfaktoren erfolgreicher Fusionen, 2. Auflage, Wiesbaden 2002.

Hackmann, Sven (Organisatorische Gestaltung in der Post Merger Integration): Organisatorische Gestaltung in der Post Merger Integration. Eine organisatorische Betrachtung unterschiedlicher Integrationsansätze, Wiesbaden 2010.

Hagen, Stefan: Projektmanagement in der öffentlichen Verwaltung. Spezifika, Problemfelder, Zukunftspotenziale, Wiesbaden 2009.

Haspeslagh, Philippe C. / Jemison David B. (Akquisitionsmanagement): Akquisitionsmanagement. Wertschöpfung durch strategische Neuausrichtung des Unternehmens, Frankfurt am Main 1992.

Heitmeyer, Wilhelm: Konzeptionen sozialer Integration, in: Imbusch, Peter / Heitmeyer, Wilhelm (Hrsg.): Integration – Desintegration. Ein Reader zur Ordnungsproblematik moderner Gesellschaften, Wiesbaden 2008, S. 29-34.

Hess, Sabine / Moser, Johannes (Jenseits der Integration): Jenseits der Integration. Kulturwissenschaftliche Betrachtungen einer Debatte, in: Hess, Sabine / Binder, Jana / Moser, Johannes (Hrsg.): No Integration?! – Kulturwissenschaftliche Beiträge zur Integrationsdebatte in Europa, Bielefeld 2009, S. 11-26.

Hohnhaus, Wolfgang (Erfolg der M&A-Beratung bei Unternehmenstransaktionen): Erfolg der M&A-Beratung bei Unternehmenstransaktionen. Strukturelle Voraussetzungen und funktionale Beiträge aus Kundensicht, Wiesbaden 2004.

Holtbrügge, Dirk / Puck, Jonas F. (Geschäftserfolg in China): Geschäftserfolg in China – Strategien für den größten Markt der Welt, 2. Auflage, Berlin 2008.

Horzella, Andreas (Wertsteigerung im M&A-Prozess): Wertsteigerung im M&A-Prozess: Erfolgsfaktoren – Instrumente – Kennzahlen, Wiesbaden 2010.

Jansen, Stephan A. (Management von Unternehmenszusammenschlüssen): Management von Unternehmenszusammenschlüssen – Theorien, Thesen, Tests und Tools, Stuttgart 2004.

Jansen, Stephan A. (Public Merger Management): Public Merger Management. Theoretische und empirische Analysen zum Vergleich von Zusammenschlüssen in der Privatwirtschaft und im öffentlichen Sektor, in: Huber, Andreas / Jansen, Stephan A. / Plamper, Harald (Hrsg.): Public Merger. Strategien für Fusionen im öffentlichen Sektor, Wiesbaden 2004, S. 3-34.

Jung, Hans: Personalwirtschaft, 8. Auflage, München 2008.

Kaeble, Hartmut: Europäische Vielfalt und der Weg zu einer europäischen Gesellschaft, in: Hradil, Stefan / Immerfall, Stefan (Hrsg.): Die westeuropäischen Gesellschaften im Vergleich, Opladen 1997, S. 27-68.

Kielmannsegg, Peter Graf: Integration und Demokratie, in: Jachtenfuchs, Markus / Kohler-Koch, Beate (Hrsg.): Europäische Integration, Opladen 1996, S. 47-71.

Knelangen, Wilhelm: Soziologische und kulturwissenschaftliche Beiträge zur Integrationstheorie, o.O. 2001.

König, Arne (Erfolgreiches Fusionsmanagement): Erfolgreiches Fusionsmanagement – Kulturelle Integration im internationalen Umfeld, Saarbrücken 2006.

König, Arne (Internationale Megafusionen): Internationale Megafusionen: Kulturelle Integration als Erfolgsfaktor, Hamburg 2004.

Kolesky, Katarzyna (Management kultureller Integrationsprozesse): Management kultureller Integrationsprozesse bei grenzüberschreitenden Unternehmenszusammenschlüssen – Eine Analyse westeuropäischer Akquisitionen in Osteuropa, Kassel 2006.

Krauss, Marita (Integration und Akkulturation): Integration und Akkulturation. Eine methodische Annäherung an ein vielschichtiges Problem, in: Beer, Matthias / Kintzinger, Martin / Krauss, Marita (Hrsg.): Migration und Integration. Aufnahme und Eingliederung im historischen Wandel, Stuttgart 1997, S. 11-26.

Kroymann, Benjamin: Das Kapitalgesellschaftsrecht der VR China, Tübingen 2009.

Kruber, Klaus-Peter: Europäische Wirtschaftsintegration, in: May, Hermann: Handbuch zur ökonomischen Bildung, 8. Auflage, München 2005, S. 553-570.

Lockwood, David: Sozialintegration und Systemintegration, in: Imbusch, Peter / Heitmeyer, Wilhelm (Hrsg.): Integration – Desintegration. Ein Reader zur Ordnungsproblematik moderner Gesellschaften, Wiesbaden 2008, S. 35-50.

Loukota, Helmut: Internationales Steuerrecht: Einführung, 2. Auflage, Wien 2002.

Lucks, Kai (Deutsch-chinesische M&A): Deutsch-chinesische M&A – voneinander lernen, in: Lucks, Kai (Hrsg.): M&A in China – Praxisberichte und Perspektiven, Frankfurt 2006, S. 14-30.

Lucks, Kai / Meckl, Reinhard: Internationale Mergers & Acquisitions – Der prozessorientierte Ansatz, Berlin 2002.

Lünendonk, Thomas / Strang, Rainer: Mergers & Acquisitions / Post Merger Integration, Themendossier, Kaufbeueren 2010.

Lutter, Marcus (Europäisches Unternehmensrecht): Europäisches Unternehmensrecht: Grundlagen, Stand und Entwicklung nebst Texten und Materialien zur Rechtsangleichung, Zeitschrift für Unternehmens- und Gesellschaftsrecht, Zeitschrift für Unternehmens- und Gesellschaftsrecht, ZGR-Sonderheft 1, 4., vollständig überarbeitete Auflage, Berlin 1996.

Maierhofer, Stefan (Erfolgsfaktoren und Schwierigkeiten bei der Errichtung eines Produktionsstandortes in der VR China): Erfolgsfaktoren und Schwierigkeiten bei der Errichtung eines Produktionsstandortes in der VR China für österreichische Unternehmen der metallverarbeitenden Industrie, Norderstedt 2007

Metten, Michael (Corporate Governance): Corporate Governance: Eine aktienrechtliche und institutionenökonomische Analyse der Leitungsmaxime von Aktiengesellschaften, Wiesbaden 2009.

Mikl-Horke, Gertraude: Die Einbettung von Unternehmen in das gesellschaftliche und politische Umfeld, in: Hemetner, Hubert / Schülein, Johann A. / Lueger, Manfred (Hrsg.): Unternehmen aus sozialwissenschaftlicher Perspektive, 2. Auflage, Wien 2009, S. 19-38.

Müller, Martina (Die Identifikation kultureller Erfolgsfaktoren): Die Identifikation kultureller Erfolgsfaktoren bei grenzüberschreitenden Fusionen – Eine Analyse am Beispiel der DaimlerChrysler AG, Wiesbaden 2007.

Müller, Stefan / Gelbrich, Katja (Interkulturelle Kompetenz): Interkulturelle Kompetenz als neuartige Anforderung an Entsandte: Status quo und Perspektiven der Forschung, in: Zeitschrift für betriebswirtschaftliche Forschung (zfbf), 53. Jg., Nr. 3, 2001, S. 246-272.

Müller-Stewens, Günter: Eckfeiler eines Integrationsmanagements, in: Thom, Norbert / Zaugg, Robert (Hrsg.): Excellence durch Personal- und Organisationskompetenz, Bern / Stuttgart / Wien, 2001, S. 185-200.

Münch, Richard: Das Projekt Europa. Zwischen Nationalstaat, regionaler Autonomie und Weltgesellschaft, Frankfurt am Main 1993.

Münch, Richard: Offene Räume. Soziale Integration diesseits und jenseits des Nationalstaats, Frankfurt am Main 2001.

Naujoks, Henrik / Matouschek, Gero: Post-Merger-Integration, in: Balz, Ulrich / Arlinghaus, Olaf: Praxisbuch Mergers & Acquisitions: Von der strategischen Überlegung zur erfolgreichen Integration, 2., aktualisierte und erweiterte Auflage, Landsberg am Lech 2007, S. 287-314.

Nölke, Andreas: Supranationalismus, in: Bieling, Hans-Jürgen / Lerch, Marika (Hrsg.): Theorien der europäischen Integration, 2. Auflage, Wiesbaden 2006, S. 145-168.

Noesselt, Nele: Strategiewechsel in der chinesischen Europapolitik: Umweg über Deutschland?, in: GIGA Focus Asein 2011, Nr. 6, S. 1-8.

Olfert, Klaus / Rahn, Horst-Joachim: Einführung in die Betriebswirtschaftslehre, 6., durchgesehene und aktualisierte Auflage, Ludwigshafen 2001.

Olshausen, Eckhart (Versuch einer Definition des Begriffes Integration): Versuch einer Definition des Begriffes „Integration“ im Rahmen der historischen Migrationsforschung, in: Beer, Matthias / Kintzinger, Martin / Krauss, Marita (Hrsg.): Migration und Integration. Aufnahme und Eingliederung im historischen Wandel, Stuttgart 1997, S. 27-36.

Palupski, Rainer (Über Führung): Über Führung: Lern- und Denkbuch, 3. Auflage, Essen 2004.

Petendra, Brigitte (Integration von Migranten und Migrantinnen), Integration von Migranten und Migrantinnen. Eine Analyse sozialraumorientierter Projekte, Darmstadt 2004.

Peterskovsky, Lisa / Schüller, Margot: China und Indien – Neue Wachstumsmotoren der Weltwirtschaft?, in: GIGA Focus Asein 2010, Nr. 5, S. 1-8.

Picot, Gerhard: Mergers & Acquisitions in Germany, New York 2000.

Preußer, Julia (Gesellschaftsrecht): Gesellschaftsrecht – Prüfungswissen, Multiple-Choice-Tests, Klausurfälle, 4. Auflage, Freiburg 2008.

Proff, Heike: Internationales Management in Ostasien, Lateinamerika und Schwarzafrika, München 2004.

Reisach, Ulrike: Internationalisierungsstrategien chinesischer Unternehmen, in: Deutsch-chinesische M&A – voneinander lernen, in: Lucks, Kai (Hrsg.): M&A in China – Praxisberichte und Perspektiven, Frankfurt 2006, S. 103-113.

Rhenisch, Thomas (Europäische Integration und industrielles Interesse): Europäische Integration und industrielles Interesse. Die deutsche Industrie und die Gründung der Europäischen Wirtschaftsgemeinschaft, VSWG Beihefte Nr. 152, Stuttgart 1999.

Rieder, Bernhard / Huemer, Daniela: Gesellschaftsrecht, Wien 2009.

Röder, Philipp (M&A in China): M&A in China – Chance oder Risiko, Shanghai, 2009.

Rohac, Stephanie (Unternehmenskultur und ihre zielgerichtete Veränderung): Unternehmenskultur und ihre zielgerichtete Veränderung: Ein psychologisch fundierter und prozessorientierter Leitfaden, Hamburg 2009.

Roth, Dominik: Unternehmensphilosophie, Norderstedt 2007.

Rothlauf, Jürgen (Interkulturelles Management): Interkulturelles Management – Mit Beispielen aus Vietnam, China, Japan, Russland und den Golfstaaten, München 2009.

Ruelling, Martin Helmuth / Ioannou-Naoum-Wokoun, Karin (Die Europäische Union): Die Europäische Union: Geschichte, Institutionen, Recht, Politiken, Bremen 2010.

Rüngeler, Lucas (Risiken und Chancen interkultureller Unterschiede): Risiken und Chancen interkultureller Unterschiede bei grenzüberschreitenden Mergers & Acquisitions, Norderstedt 2008.

Ruppel, Nicole (Deutsche Unternehmen in China: Chancen und Risiken, Unter Berücksichtigung der Produkt- und Markenpiraterie, Hamburg 2007.

Sabel, Nicole (Interkulturelle Kompetenz): Interkulturelle Kompetenz – Einfluss der Kultur auf das internationale Management, in: Rietz, Steffen (Hrsg.): Internationale und interkulturelle Projekte erfolgreich umsetzen, Band 3, Hamburg 2010.

Schierenbeck, Henner: Grundzüge der Betriebswirtschaftslehre, Übungsbuch, 9. Auflage, München 2004.

Schmeisser, Wilhelm / Krimphove, Dieter: Internationale Personalwirtschaft und Internationales Arbeitsrecht, München 2010.

Schreyögg, Georg (Organisation): Organisation: Grundlagen moderner Organisationsgestaltung, 4., vollständig überarbeitete und erweiterte Auflage, Wiesbaden 2003.

Schubert, Analyse & Kritik aus Sicht soziologischer Handlungstheorie, in: Analyse & Kritik 30/2008, Lucius & Lucius, Stuttgart, S. 627-646.

Schüler-Zhou, Yun / Schüller, Margot / Brod, Magnus: Chinas Going Global - Finanzmarktkrise bietet Chancen für chinesische Direktinvestitionen, in: GIGA Focus Asien 2010, Nr. 8, S. 1-8.
Schuppener, Anna Christina (Kulturorientiertes Integrationsmanagement bei Unternehmenszusammenschlüssen): Kulturorientiertes Integrationsmanagement bei Unternehmenszusammenschlüssen – Analyse erfolgsabhängiger Faktoren und Ableitung von Implikationen für die Unternehmenspraxis, München 2006.

Stafflage, Eva (Unternehmenskultur als erfolgsentscheidender Faktor): Unternehmenskultur als erfolgsentscheidender Faktor: Modell zur Zusammenführung bei grenzüberschreitenden Mergers & Acquisitions, Wiesbaden 2005.

Staudenmeyer, Carola (Das Wirtschafts- und Vertragsrecht transnationaler Gemeinschaftsunternehmen in Entwicklungsländern): Das Wirtschafts- und Vertragsrecht transnationaler Gemeinschaftsunternehmen in Entwicklungsländern: Joint Ventures in der VR China, Indonesien, Malaysia und Kenia, Berlin 1990.

Steinbock, Hans-Joachim: Management in Zeiten der Diskontinuitäten – Postmerger Management der UBS AG, in: zfo Zeitschrift Führung und Organisation 2000, S. 37-40.

Steinfeld, Bettina (Fusionen von Unternehmen): Fusionen von Unternehmen – Fusion von Kulturen: Wie kann interne Kommunikation den Wandel fördern und wo stößt sie an ihre Grenzen?, Norderstedt 2008.

Stierstorfer, Klaus: Anmerkungen zur Interdisziplinarität der Kulturwissenschaften, in: Stierstorfer, Klaus / Volkmann, Laurenz (Hrsg.): Kulturwissenschaft interdisziplinär, Tübingen 2005, S. 9-18.

Studt, Jürgen Friedrich: Nachhaltigkeit in der Post Merger Integration, Wiesbaden 2008.

Vogel, Dieter H. (M&A): M&A – Ideal und Wirklichkeit, Wiesbaden 2002.

Weatherly, Johny N. (Handbuch Systemisches Management): Handbuch Systemisches Management: Eine Anleitung für Praktiker, Berlin 2009.

Wiedemann, Herbert: Gesellschaftsrecht – Grundlagen Band I, München 1980.

Wirtz, Bernd W. (Mergers & Acquisitions Management): Mergers & Acquisitions Management – Strategie und Organisation von Unternehmenszusammenschlüssen, Wiesbaden 2003.

Wöhe, Günter: Einführung in die Allgemeine Betriebswirtschaftslehre, 22. Auflage, München 2005.

Wolf, Dieter: Neo-Funktionalismaus, in: Bieling, Hans-Jürgen / Lerch, Marika (Hrsg.): Theorien der europäischen Integration, 2. Auflage, Wiesbaden 2006, S. 65-90.

Zülsdorf, Ralf-Gerd (Strukturelle Konflikte in Unternehmen): Strukturelle Konflikte in Unternehmen: Strategien für das Erkennen, Lösen, Vorbeugen, Wiesbaden 2008.

Internet-Quellen:

Berner, Abstoßreaktionen bei Fusionen, www.umsetzungsberatung.de/pmi-post-merger-integration/abstossungsreaktion.php, 17.12.2010

Berner, Kulturelle Integration, www.umsetzungsberatung.de/pmi-post-merger-integration/kulturelle-integration.php, 17.12.2010

Berner, Integrationskonzept, www.umsetzungsberatung.de/pmi-post-merger-integration/integrationskonzept.php, 17.12.2010.

Berner, Interkulturelles Management, www.umsetzungsberatung.de/pmi-post-merger-integration/intercultural-change.php, 17.12.2010

o.V., Chinesische Unternehmen der Automobilzulieferindustrie, www.mpower.de/news/artikel/chinesische-unternehmen-der-automobilzulieferindustrie-signalisieren-interesse-an-fusion-mit-deutsch/, Stand: 12.01.11